# 新型电力系统
# 100问

国网重庆市电力公司
清华大学能源互联网创新研究院　　组编
清华四川能源互联网研究院

中国电力出版社
CHINA ELECTRIC POWER PRESS

# 内 容 提 要

本书紧密围绕国家"双碳"目标和能源转型发展战略,以新型电力系统建设为主题,遵循理论与实践相结合的原则,通过问答形式介绍新型电力系统建设的背景、技术及案例等内容。

本书设通识篇、技术篇、市场篇和实践篇四篇,分别介绍新型电力系统建设理念和内涵演变,电源、电网、负荷、储能、数字智能类关键技术,电力市场和碳交易市场发展趋势,以及国内新型电力系统建设典型案例。

本书可供政府能源主管部门、电力系统相关企业和科研院所等工程技术人员、管理人员阅读使用,也可作为新型电力系统相关从业者的自学和培训教材。

**图书在版编目(CIP)数据**

新型电力系统 100 问／国网重庆市电力公司,清华大学能源互联网创新研究院,清华四川能源互联网研究院组编. —北京:中国电力出版社,2022.11

ISBN 978-7-5198-7194-9

Ⅰ.①新… Ⅱ.①国… ②清… ③清… Ⅲ.①电力系统－问题解答 Ⅳ.① TM71-44

中国版本图书馆 CIP 数据核字(2022)第 201316 号

出版发行:中国电力出版社
地 址:北京市东城区北京站西街 19 号(邮政编码 100005)
网 址:http://www.cepp.sgcc.com.cn
责任编辑:王春娟 张冉昕 陈 丽
责任校对:黄 蓓 朱丽芳
装帧设计:张俊霞
责任印制:石 雷

印 刷:北京博海升彩色印刷有限公司
版 次:2022 年 11 月第一版
印 次:2022 年 11 月北京第一次印刷
开 本:787 毫米×1092 毫米 16 开本
印 张:12.25
字 数:143 千字
印 数:0001—3000 册
定 价:78.00 元

# 编委会

主　任　司为国　康重庆

副主任　刘欣宇

委　员　许道林　游步新　杨高峰　王皓宇

# 编写组

主　编　王皓宇

副主编　戴　璟　周　倩

参　编　李　哲　颜　慧　方　钦　罗元波　胡　文　张施令

姚　勇　吴贞龙　周楦颉　汤　林　宋兆欧　范　川

朱　元　肖　强　范　璇　蒋雪峰　慕　杰　杨德祥

孟　垚　许庆宇　陆　超　孙　凯　朱桂萍　鲁宗相

张　宁　吕岚春

# 前言
## PREFACE

2020年9月，习近平总书记在第七十五届联合国大会一般性辩论上宣布："中国将提高国家自主贡献力度，采取更加有力的政策和措施，二氧化碳排放力争于2030年前达到峰值，努力争取2060年前实现碳中和。"2021年3月，习近平总书记在中央财经委员会第九次会议上提出构建新型电力系统的战略，指出"要着力提高利用效能，实施可再生能源替代行动，深化电力体制改革"，为我国能源电力发展指明了前进方向、提供了根本遵循。

新型电力系统是以确保能源电力安全为基本前提，以清洁能源为供给主体，以绿电消费为主要目标，以电网为枢纽平台，以源网荷储互动及多能互补为支撑，具有清洁低碳、安全可控、灵活高效、智能友好、开放互动基本特征的电力系统。构建新型电力系统，在新能源安全可靠的替代基础上，推动电力脱碳和能源清洁转型，是实现碳达峰、碳中和目标的必由之路。

为宣传普及新型电力系统建设背景、核心理念和关键技术，指导具体建设实践，国网重庆市电力公司联合清华大学能源互联网创新研究院、清华四川能源互联网研究院编写了《新型电力系统100问》。全书设置通识篇、技术篇、市场篇、实践篇四篇，通过一问一答的形式，深入细致地讲解新型电力系统相关知识，剖析典型实践案例，解构未来发展方向。

希望本书能够有效凝聚社会共识，为不同专业、不同岗位的读者在新型电力系统建设中提供有益指导和思路启发，助力"双碳"目标的实现。

本书编著历经数月、几易其稿，但限于编者水平，难免会存在疏漏或不足之处，恳请广大读者谅解并批评指正。

编者

2022 年 9 月

# 目 录
## CONTENTS

前 言

## 电网类　044

## 负荷类　062

**数字智能类** 107 ────────────────────────

第一篇

# 通识篇

## 1 什么是新型电力系统?

2021年3月,习近平总书记在中央财经委第九次会议上指出"构建清洁低碳安全高效的能源体系,控制化石能源总量,着力提高利用效能,实施可再生能源替代行动,深化电力体制改革,构建以新能源为主体的新型电力系统",为我国能源电力发展指明了前进方向、提供了根本遵循。

国家层面提出新型电力系统的概念后,业内龙头企业、知名专家纷纷对其内涵进行了探索性解读。

国家电网有限公司在《构建以新能源为主体的新型电力系统行动方案(2021—2030年)》中提出,新型电力系统是以新能源为供给主体,以确保能源电力安全为基本前提,以满足经济社会发展电力需求为首要目标,以坚强智能电网为枢纽平台,以源网荷储互动与多能互补为支撑,具有清洁低碳、安全可控、灵活高效、智能友好、开放互动基本特征的电力系统;中国南方电网有限责任公司在《数字电网推动构建以新能源为主体的新型电力系统白皮书》中提出,新型电力系统具备绿色高效、柔性开放、数字赋能三大显著特征;中国华能集团有限公司党组书记、董事长、中国工程院院士舒印彪在中国发展高层论坛2021年年会上发言认为,新型电力系统的特征包括广泛互联、智能互动、灵活柔性、安全可控四个方面;中国发展研究院院长王彤认为,新型电力系统通过数字化技术,打通源网荷储各环节信息,实现电力系统"全面可观、精确可测、高度可控"。

当前对新型电力系统内涵的解读仍处在探索阶段，综合国家层面的发展战略和行业内部的理解，未来新型电力系统建设必将紧密围绕能源安全低碳、系统智能可靠、源网荷储互动等方面展开。

## 2　为什么要建设新型电力系统？

2020年9月22日，国家主席习近平在第七十五届联合国大会上宣布，"中国将提高国家自主贡献力度，采取更加有力的政策和措施，二氧化碳排放力争于2030年前达到峰值，努力争取2060年前实现碳中和。"我国能源结构目前仍然以煤炭等化石能源为主，据国家统计局数据，2020年中国煤炭能源消费量占比56.8%，石油能源消费量占比18.9%，天然气能源消费量占比8.4%，一次电力及其他能源占比15.9%，煤炭单项消耗约占能源消耗总量的一半。能源系统碳排放量占碳排放总量的80%以上，电力碳排放量占能源系统碳排放量的40%左右。践行碳达峰碳中和战略，能源是主战场，电力是主力军。同时，我国能源安全风险日益增加，近年来油气对外依存度不断攀升，2020年我国石油、天然气对外依存度分别为73%和43%。

构建新型电力系统在助力国家实现"双碳"目标、保障能源安全以及推动社会经济高质量发展等方面具有重要意义，具体体现在以下四个方面：

一是加快生态文明建设的战略选择。我国生态文明建设以降碳为重点战略方向，大力发展风电、太阳能发电等非化石能源，是能源领域降碳的主要途径。

二是保障国家能源安全的重要举措。能源安全关系国家安全，大规模发展风光等可再生能源可有效促进能源结构多元化，大幅降低我国油气对外依存度，显著提高能源安全保障能力。

**三是构建新发展格局的强大动力。**以终端用能电气化推动能源利用提质增效，增强绿色发展内生动力，为全面建成社会主义现代化国家提供基础支撑和持续动能。

**四是推动能源产业链转型升级的重要引擎。**通过自主创新，集中突破能源电力领域核心技术，推动能源电力产业全链条自主可控和转型升级，抢占低碳产业变革竞争制高点。

## 3 新型电力系统较传统电力系统有什么新特征?

随着碳达峰、碳中和进程的推进，能源领域呈现"供给清洁化、消费电气化、配置平台化、利用高效化"的发展趋势，未来将形成以电力为中心的清洁低碳高效、数字智能互动的能源体系。与传统电力系统相比，新型电力系统在内部电气特征和外部表现形式上有所不同。

从**内部电气特征**方面来看：①**电源结构**由可控连续出力的煤电装机占主导，向强不确定性、弱可控出力的新能源发电装机占主导转变。②**负荷特性**由传统的刚性、纯消费型，向柔性、生产与消费兼具型转变。③**技术基础**由同步发电机为主导的机械电磁系统，向由电力电子设备和同步机共同主导的混合系统转变。④**运行特性**由源随荷动的实时平衡模式、大电网一体化控制模式，向源网荷储协同互动的非完全实时平衡模式、大电网与微电网协同控制模式转变。

从**外部表现形式**方面来看：①电网形态由单向逐级输电为主的传统电网，向包括交直流混联大电网、微电网、局部直流电网和可调节负荷的能源互联网转变。②现代数字技术与传统电力技术深度融合将使得电力系统发输配用等各领域、各环节整体智能化、互动化，虚拟电厂、抽水蓄能电站、多种形式的新型储能、电力辅助服务等将让电力调度和源网荷储互动更加灵活、智能。

## 4    简述新型电力系统的发展展望。

我国当前呈现七大区域电网供电格局，区域电网内部构架清晰、分层分区。各区电源、负荷的时空互补特性为开展跨区跨省水火互济、打捆外送提供了物理基础。然而在国家发展改革委、国家能源局下发《关于加快建设全国统一电力市场体系的指导意见》前，电力交易的省间壁垒依然存在，一定程度上阻碍了跨区资源优化配置。

新型电力系统的建设，应加快推动清洁电力资源大范围优化配置，大力提升电力系统综合调节能力，加快灵活调节电源建设，引导自备电厂、传统高载能工业负荷、工商业可中断负荷、电动汽车充电网络、虚拟电厂等参与系统调节，建设坚强智能电网，提升电网安全保障水平，深化电力体制改革，加快构建全国统一电力市场体系。

（1）发电侧，到2030年，我国风电、光伏发电装机容量达到15亿~17亿kW，发电量超2.7万亿kWh，约占总发电量的25%。到2060年，我国风电、光伏等新能源发电装机容量占比预计将达70%以上，发电量占比60%以上，成为主体电源。

（2）需求侧，2035年前后，全国电力需求总体达峰，东部地区将率先趋于饱和。终端用能电气化水平将大幅提升，预计2030年我国电能占终端能源消费比重达33%；到2060年，我国工业、交通领域电气化水平提升至50%以上，建筑领域电气化水平提升至75%以上，电能占终端能源消费比重达到60%以上。

（3）储能侧，到2025年，新型储能装机容量达到3000万kW以上。到2030年，抽水蓄能电站装机容量达到1.2亿kW左右，省级电网基本具备5%以上的尖峰负荷响应能力。

## 5 新型电力系统建设面临的挑战有哪些？

构建新型电力系统是一项复杂的系统性工程，应立足我国能源资源禀赋的基本国情，超前研判、全面分析电力生产结构改变为电力系统带来的变化与挑战，深入研究电力低碳转型路径及转型过程中的重大问题，力争就技术形态、技术方向等关键问题形成广泛共识。

新能源出力随机性、波动性、不确定性强，具有"极热无风""晚峰无光"的反调峰特性。目前，新能源"大装机、小电量"特点也比较突出。基于新能源的这些特性，近年来，如何在确保电网安全稳定运行的前提下，更快、更好、更多地消纳新能源，一直是电网企业面临的问题，对电网自动化、智能化、互动化水平也提出了更高的要求。

新型电力系统建设所面临的挑战和变革，主要可分为新型平衡体系、复杂安全机理、成本疏导机制三类。

（1）新型平衡体系。

1）系统平衡机理显著转变。在现阶段我国以煤电为主导的电力系统，电力电量平衡以及发电充裕度以确定性思路为主，依托"源随荷动"的平衡模式保障电力供需平衡，可再生能源出力仅作为电力系统的补充。随着新能源占比的不断提高，电力系统供需双侧均面临强不确定性，可再生能源与灵活负荷将承担一部分电力电量平衡的责任。新型电力系统的电源结构将向强不确定性、弱可控性的新能源装机占主导转变，电力电量平衡机理也将向概率化、多区域、多主体的源网荷储协同的平衡模式转变。

2）新型灵活性平衡体系亟待构建。对于新型电力系统，一方面不仅需要保障电力电量平衡，还需要具备充裕的灵活调节性以应对新能源发电的强随机性与波动性；另一方面受限于我国资源禀赋特征，现有电力系统结构形态与平衡机制难以支撑更高比例的新能源并网消纳，亟需构建适应新型电力系统的灵活性平衡体系。

3）电力调度机制强调"低碳性"。新型电力系统引入了低碳目标，而目前的调度策略以公平、经济、节能为目标，均未考虑对于各类低碳电源的调度问题。因此，需要计及经济—安全—绿色的综合效益和源网荷储各环节的低碳要素，构建新型、科学、高效的"低碳电力调度"方式。

（2）复杂安全机理。

1）电网运行难度增加，更难保障电力供应。一方面，在全球气候变化、可再生能源大规模开发背景下，新能源资源禀赋长期演化过程存在不确定性，给资源禀赋评估和规划带来重大挑战；同时风光发电"靠天吃饭"特征愈发明显，电力支撑能力不足，影响供电可靠性——尤其是随着全球变暖、气候异常加剧，极端天气事件频发、强发，风光发电出力极不稳定甚至停机，加大了电网供需失衡风险，推高供电保障成本。另一方面，新型电力系统中电网不仅承担电能传输的作用，而且将更多地承担电能互济、备用共享的职能——电动汽车、分布式储能、需求响应在需求侧不断普及，形成电力产消者，局部配电网将会发生潮流反转，向主网倒送功率，使得电网安全运行分析进一步复杂化。

2）电力系统安全稳定风险增大。风光发电大规模替代常规机组将使系统总体有效惯量减小，抗扰动能力降低，电网承受较大潮流波动压力，频率控制难度加大；电压调节能力下降，高比例新能源接入地区的电压控制困难，高比例受电地区的动态无功支撑能力不足；风光发电机组具有电力电子装备普遍存在的脆弱性，面对频率、电压波动容易大规模脱网，引发严重的连锁故障，导致大面积停电的风险增加；同步电源占比下降、电力电子设备支撑能力不足导致宽频振荡；新能源的控制方式与电力电子设备的电磁暂态过程对同步电机转子运动产生深刻影响，功角稳定问题更为复杂，电力系统呈现多失稳模式耦合的复杂特性。

3）新型系统控制理论尚未建成。随着新能源占比的不断提高，新能源通过电力电子设备并网，电网呈现交直流混联态势，涌现多样化的电力电子接口新型负荷与储能设备，新型电力系统的源网荷储全环节都将呈现高度电力电子化的趋势——"双高"使其暂态特性与电压稳定难以用经典理论解释与分析。此外，新型电力系统中电力电子装置具有海量、碎片化、分布式的并网特点，但同时具有快速响应能力，控制策略多样化，迫切需要构建适应高比例电力电子化形态的电力系统稳定分析新理论与协同控制新技术。

（3）成本疏导机制。

1）能源主体利益及价格机制尚未完善。新能源成为主体，将改变传统发电市场格局。一方面，新型电力系统的新能源占比较高，新能源普遍具有近零的低运行成本，导致电力系统具有低边际成本的特点；同时由于新能源存在间歇性与不确定性的特点，需要更高的调频、备用、容量等需求，导致电力系统具有更高的系统成本特性。另一方面，现有90%的在运煤电装机容量投产不满20年，新能源的规模化并网将导致煤电、气电等化石能源发电利用效率降低，亟需研究完善传统发电企业提供电力辅助服务的成本回收机制和盈利模式。

2）用能总成本提升。海上风电、光热等发电成本目前仍较高，新能源接入及跨区调剂需要加大电网投资，还需配套相当规模的调节性电源和兜底保障电源，国内外研究表明，新能源电量渗透率超过15%以后，系统成本将进入快速增长的临界点，未来新能源场站成本下降很难完全对冲消纳新能源所引起的系统成本上升，系统成本显著增加且疏导困难，必然影响全社会用能成本。

3）电力市场建设有待深入。目前的市场建设仍存在诸多问题：①跨区跨省交易机制尚不完善，省间省内市场衔接差，难以充分消纳新能源，电力资源优化的范围较小；②缺乏适应新型电力系统转型和新型市场主体的市场机制，新型市场主体参与度低，电力资源优化的广度有限；③缺乏支持源网荷储互动的市场机制，新型电力系统各环节中的多种市场主体难以灵活参与市场，电力资源优化的深度不足。

## 6 简述新型电力系统的发展路径。

构建新型电力系统，是极具挑战性、开创性的战略性工程，坚强智能电网是基础，源网荷储协同是关键，推动科技创新是引领，发挥制度优势是保证。

能源电力行业技术资金密集，已形成的庞大存量资产不可能也不应该"推倒重来"，适宜采取渐进过渡式发展方式。在近期，新能源快速发展的需求较为迫切，亟需成熟、经济、有效的技术与产品方案来应对相应挑战。着眼远期，当前电力系统的物质基础、技术基础难以匹配新型电力系统的需求，应在大规模储能、高效电氢转换、CCUS❶、纯直流组网等颠覆性技术方面尽快取得突破；不同的技术将导向不同的电力系统形态，未来发展路径存在较大的不确定性。

（1）在电网发展方式上，由以大电网为主，向大电网、微电网、局部直流电网融合发展转变，推进电网数字化、透明化，满足新能源优先就地消纳和全国优化配置的需要。

（2）在电源发展方式上，推动新能源发电由以集中式开发为主，向集中式与分布式开发并举转变；推动煤电由支撑性电源向调节性电源转变。

（3）在营销服务模式上，由为客户提供单向供电服务，向发供一体、多元用能、多态服务转变，打造"供电＋能效服务"模式，创新构建"互联网＋"现代客户服务模式。

（4）在调度运行模式上，由以大电源大电网为主要控制对象、源随

---

❶ 碳捕集、利用与封存（carbon capture, utilization and storage, CCUS）。

荷动的调度模式，向源网荷储协调控制、输配微网多级协同的调度模式转变。

（5）在技术创新模式上，由以企业自主开发为主，向跨行业跨领域合作开发转变，技术领域向源网荷储全链条延伸。

## 7 新型电力系统建设重大基础理论研究有哪些？

（1）在新型电力系统顶层设计方面，统筹考虑电网发展与安全、电力供应与清洁转型、电力资产存量与增量的关系，研究新型电力系统实施路径和网架形态，明确源网荷储各环节演进趋势，制定远近接续、布局合理的技术发展路线；加快新型电力系统源网荷储统一规划、协调开发和科学配置研究，促进源网荷储各环节协同、有序发展。

（2）在新型电力系统供需平衡理论方面，考虑供需双侧特性对气候、天气条件的依赖性，以及供需双侧与系统调节资源的高度不确定性，研究并建立新型电力系统供需平衡基础理论；厘清气候变化与可再生能源开发的交互作用机理，揭示不确定性与规划/运行策略的耦合作用机理，形成不确定供需双向匹配的优化决策理论和方法。

（3）在"双高"电力系统稳定分析理论方面，考虑"双高"电力系统的多时间尺度交织、控制策略主导、切换性与离散性显著等特征，厘清系统扰动后的过渡过程并建立完整的分析理论，形成科学的稳定分类体系，提出针对不同稳定分类的建模准则和分析方法。

（4）在新型电力系统的控制理论方面，针对特性各异且黑箱化的海量动态元件接入"双高"电力系统的基本特征，重点突破广域分散协同优化控制理论，在设备层面构建兼容各种异构设备的通用稳定控制协议，实现元件即插即用、分散式自趋稳；在系统层面提出广域响应驱动的协调控制方法，构建多级协调的稳定控制体系，支撑开放包容的新型电力系统运行。

（5）在促进新能源消纳的市场机制方面，加快适应高比例新能源发展的价格体系、交易机制和结算体系研究，加快促进灵活调节资源、参与系统调节的各类辅助服务模型和关键技术研究，开展碳—电力市场协调发展机制、碳价与电价传导机制研究，构建开放、高效、智能的电力市场运营支撑平台，实现对多类型主体、多时间尺度、多交易模式的友好支撑。

## 8 新型电力系统建设关键设备应用技术有哪些？

（1）在新能源"构网"主动支撑技术方面，加快推广电流源型主动支撑技术、电压源型自同步控制技术，提升新能源机组对弱电网的适应性、对交流电网的支撑能力；推动作为同步电源的光热发电工程化应用。

（2）在大规模远距离海上风电及送出技术方面，尽快在风机本体及汇集、升压与送出系统设备及技术方面取得突破，保障远海分散式风电的灵活接入与高效安全送出。

（3）在储能支撑电网安全运行技术方面，充分利用新型储能系统调峰幅度大、响应速度快、短时功率吞吐能力强、调节方向易改变等优点，在辅助调峰、平滑新能源发电功率等基础功能外，重点提升储能在电力系统发生故障或波动时的快速响应功能，为系统提供阻尼、惯量等动态支撑。

（4）在"双高"电力系统仿真评估技术方面，新型电力系统的物理形态和运行特性更为复杂，现有仿真分析手段不足以支持对电网的认知需要，亟需突破机电、电磁多时间尺度的大电网暂态仿真分析技术，提高对新型电力系统特性的认知水平。

（5）在源网荷储资源协调控制技术方面，利用"大云物移智链"等先进技术手段，研究主动配电网运行分析及协调控制技术、供需互动服务技术、分布式微网自平衡技术，实现广域分布式海量源网荷储资源的总体协调控制。

（6）在"双高"电力系统故障防御技术方面，海量电力电子设备接入新型电力系统之后将极大改变系统的暂态特性，既带来新的稳定问题，也因其数字式快速调控能力而给稳定控制提供新的机遇和选择；研究适应"双高"电力系统的综合安全防御体系，利用现代信息通信技术来广泛调动各类控制资源，实现经济、高效、智能的故障快速判断清除及故障后的紧急协调控制、传播路径阻断。

## 9 新型电力系统技术标准布局有哪些？

新型电力系统建设是一项长期的系统性工程，目前相关业务板块的技术标准还不够完备，亟需建立健全覆盖新型电力系统各专业领域，源网荷储各环节相互支撑、协同发展的标准体系。

（1）电源侧：开展高精度新能源功率预测技术及新能源主动支撑技术标准研制工作；重构水电和火电机组的设计、制造、运行技术标准体系；推进抽水蓄能、电化学储能电站建设的标准化。

（2）**电网侧**：强化源网荷储协同控制标准体系的顶层设计，加快广域分散协同优化控制标准研究；深化灵活柔性输电技术标准体系建设，加快分布式微电网、智慧配电网重要核心标准研制。

（3）**负荷侧**：优化完善电动汽车充换电、港口岸电设施技术标准体系，加快虚拟电厂、需求侧响应技术标准体系构建和关键标准研制，满足负荷与电网良性互动的需要。

（4）**储能侧**：加快制定新型储能安全相关标准，完善接入电网系统的安全设计、测试验收、应急管理等标准；考虑新能源配套储能，开展储能系统技术要求及并网性能要求等标准制（修）订；研制规模化储能集群智慧调控和分布式储能聚合调控的相关标准。

## 10　两大电网企业建设新型电力系统有什么重要举措？

（1）国家电网有限公司。

**建设目标**：按照国家"双碳"目标和电力发展规划，预计到2035年，国家电网管辖区域基本建成新型电力系统，到2050年全面建成新型电力系统。

其中，2021～2035年是建设期，新能源装机逐步成为第一大电源；常规电源逐步转变为调节性和保障性电源；电力系统总体维持较高转动惯量和交流同步运行特点，交流与直流、大电网与微电网协调发展；系统储能、需求响应等规模不断扩大，发电机组出力和用电负荷初步实现解耦。

2036～2060年是成熟期，新能源逐步成为电力电量供应主体；火电通过CCUS技术逐步实现净零排放，成为长周期调节电源；分布式电源、微电网、交直流组网与大电网融合发展；系统储能全面应用、负荷全面深入参与调节，发电机组出力和用电负荷逐步实现全面解耦。

**构建新型电力系统行动方案：**行动方案共有9大类28项任务，其重点任务见表1.1。

▼表1.1　国家电网有限公司构建新型电力系统行动方案重点任务

| 领域 | 重点任务 |
| --- | --- |
| 一、加强各级电网协调发展，提升清洁能源优化配置和消纳能力 | 加快特高压电网建设 |
| | 提高跨省跨区输送清洁能源力度 |
| | 加大配电网建设投入 |
| 二、加强电网数字化转型，提升能源互联网发展水平 | 提升配电网智慧化水平 |
| | 打造电网数字化平台 |
| | 构建能源互联网生态圈 |
| 三、加强调节能力建设，提升系统灵活性水平 | 加快建设抽水蓄能电站 |
| | 全力配合推进火电灵活性改造 |
| | 支持新型储能规模化应用 |
| | 扩大可调节负荷资源库 |
| 四、加强电网调度转型升级，提升驾驭新型电力系统能力 | 构建新型电力系统安全稳定控制体系 |
| | 建设适应电力绿色低碳转型的平衡控制和新能源调度体系 |
| | 建设适应分布式电源发展的新型配电调度体系 |
| 五、加强源网协调发展，提升新能源开发利用水平 | 做好新能源接网服务工作 |
| | 支持分布式新能源和微电网发展 |
| | 不断扩大清洁能源交易规模 |
| 六、加强全社会节能提效，提升终端消费电气化水平 | 推动低碳节能生产和改造 |
| | 持续拓展电能替代广度、深度 |
| | 开展综合能源服务 |

续表

| 领域 | 重点任务 |
|---|---|
| 七、加强能源电力技术创新，提升运行安全和效率水平 | 实施科技攻关行动计划 |
| | 加快关键技术攻关 |
| | 开展关键装备和标准研制 |
| | 推进新型电力系统示范区建设 |
| 八、加强配套政策机制建设，提升支撑和保障能力 | 推动健全电力价格形成机制 |
| | 推进全国统一电力市场建设 |
| | 构建能源电力安全预警体系 |
| 九、加强组织领导和交流合作，提升全行业发展凝聚力 | 强化工作组织落实责任 |
| | 深化宣传引导与开放合作 |

（2）中国南方电网有限责任公司。

建设目标：2025年前，大力支持新能源接入，具备支撑新能源新增装机1亿kW以上的接入消纳能力；初步建立源网荷储体系和市场机制；具备新型电力系统基本特征。

2030年前，具备支撑新能源再新增装机1亿kW以上的接入消纳能力，推动新能源装机处于主导地位；源网荷储体系和市场机制趋于完善；基本建成新型电力系统，有力支持南方五省区及港澳地区全面实现碳达峰。

2060年前，新型电力系统全面建成并不断发展，全面支撑南方五省区及港澳地区碳中和目标实现。

建设新型电力系统行动方案：加快数字化转型和数字电网建设，推动南网向智能电网运营商、能源产业价值链整合商、能源生态系统服务商转型，制定了建设新型电力系统行动方案，明确了8大类共24项重点举措，其重点任务见表1.2。

▼表1.2 中国南方电网有限责任公司建设新型电力系统行动方案重点任务

| 领域 | 重点任务 |
|---|---|
| 一、大力支持新能源接入 | 全力推动新能源发展 |
| | 加快新能源接入电网建设 |
| | 完善新能源接入流程 |
| | 加强新能源并网技术监督 |
| 二、统筹做好电力供应 | 推动多能互补电源体系建设 |
| | 积极引入区外电力 |
| | 加快提升系统调节能力 |
| 三、确保电网安全稳定 | 建设坚强可靠主网架 |
| | 建设新型电力系统智能调度体系 |
| | 加强新型电力系统物联网管控平台网络安全防护 |
| 四、推动能源消费转型 | 全力服务需求侧绿色低碳转型 |
| | 深化开展电能替代业务 |
| | 推进需求侧响应能力建设 |
| 五、完善市场机制建设 | 建立健全南方区域统一电力市场 |
| | 深化南方区域电力辅助服务市场建设 |
| | 推动建立源网荷储利益合理分配机制 |
| 六、加强科技支撑能力 | 深入开展新型电力系统基础理论研究 |
| | 加快关键技术及装备研发应用与示范 |
| | 探索建立新型电力系统产业联盟 |
| 七、加快数字电网建设 | 提升数字技术平台支撑能力 |
| | 提升数字电网运营能力 |
| 八、增强组织保障能力 | 加强党的集中统一领导 |
| | 加强新型电力系统创新能力建设 |
| | 提升新型电力系统服务能力 |

## 11 发电企业建设新型电力系统有什么重要举措？

（1）中国华能集团有限公司。

一是坚持以清洁能源为主导，大力推进基地型规模化自主开发，高度重视中东部分布式能源开发，深化协同产业发展。"十四五"期间，计划新增新能源装机容量8000万kW以上，确保清洁能源装机容量占比50%以上。

二是大力发展新能源，积极开发水电，安全有序发展核电，转型发展火电，积极拓展氢能、储能、碳捕集、"源网荷储用一体化"综合能源服务等战略新兴产业。

三是打造原创技术策源地和现代产业链"链长"，开展关键核心技术攻关，强化产业链协同整合，加快数字化转型升级。

（2）中国华电集团有限公司。

一是大力发展新能源，基地式、规模化开发，集中式、分布式应用。

二是持续发展水电，积极推进重点项目开发，推进风光水储一体化可再生能源综合基地开发。

三是探索开展新兴业务，按照"两个一体化"布局要求，积极稳妥推进储能、氢能、智慧能源等新兴业务。

四是加快推进综合智慧能源系统创新发展，打造综合能源供应商和服务商，推进向生产服务、多能服务和生态服务转型。

（3）中国大唐集团有限公司。

一是以"打造'绿色低碳、多能互补、高效协同、数字智慧'的世界一流能源供应商"为发展愿景。

二是实现"两个转型",即实现从传统电力企业向绿色低碳能源企业转型,从传统电力企业向国有资本投资公司转型。

三是到2025年非化石能源装机容量占比超过50%,提前5年实现碳达峰。

(4)国家电力投资集团有限公司。

一是2021年起,3年内安排20亿元资金用于超低排放改造工作,确保在2022年底前完成30万kW以下小机组和2024年底前完成W型火焰锅炉机组的改造、关停、替代、转让目标。

二是全力发展可再生能源,积极有序发展核电,夯实国家电投新能源领军地位。

三是在综合智慧能源方面,全面拓展市场,重点做好适应能源市场变化、开发县域能源市场、推进分布式能源开发、开拓大客户等工作。

四是加快推进综合智慧能源系统创新发展,打造综合能源供应商和服务商,推进向生产服务、多能服务和生态服务转型。

五是"十四五"期间,加大绿电交通领域投入力度。在电能交通替代上,到2025年,计划新增总投资规模1150亿元,推广重卡20万台,其他类型车辆37万台,新增投资持有换电站4000座,新增投资持有电池22.8万套。

六是推进百千瓦级燃料电池示范应用及制氢、加氢示范项目。

(5)国家能源投资集团有限责任公司。

一是有序推进煤炭生产接续,大力推进新能源项目,"十四五"规划新能源装机容量1.2亿kW。

二是分解落实"两个1500万+"目标任务,发挥好集团公司的资源优势和协同优势。

三是加快区域电力体制改革，如期全面完成改革任务，巩固提升市场竞争优势。

（6）中国核工业集团有限公司。

一是实施"核电+新能源"双轮驱动的发展战略。

二是核电方面，充分发挥核电的基荷能源作用，推动自主三代核电"华龙一号"批量化、规模化建设，保持核电平稳有序发展，提高核电在能源结构中的比重，积极拓展在核能供热、供汽、制氢等多个领域的工业应用。

三是新能源方面，"十四五"期间公司每年新增300万～500万kW光伏装机容量，预计到2025年新能源电量占比将达到13%。

（7）中国广核集团有限公司。

一是核电方面，"十四五"期间将在建的7台核电机组逐步投运，到2025年，在运核电机组将达到31台、装机容量超过3500万kW。

二是新能源发展方面，由单一发电商向能源综合服务商转变，实现转型升级，到2025年，新能源实现装机容量突破5000万kW。

三是做优、做强、做大传统风光业务，积极培育和创新发展综合智慧能源和其他延伸类业务，稳妥有序推进海上风电业务发展。

（8）中国长江三峡集团有限公司。

发挥在清洁能源方面的优势，筑牢大水电的基本盘，积极推进抽水蓄能项目，加快风电、光伏等新能源发展力度和速度，未来5年新能源装机容量实现7000万～8000万kW，力争于2023年率先实现碳达峰，2040年实现碳中和。

## 12　我国构建新型电力系统可以借鉴国外的哪些做法？

虽然我国风电、光伏并网装机容量位居世界首位，但从发电量来看，风电、光伏年发电量占总发电量的比重分别为5.5%和3.1%，还处于中低比例新能源发展阶段。目前，丹麦电网近60%的发电量来自风电和光伏，德国、英国、葡萄牙、西班牙、意大利、希腊等国家的电网新能源发电量占比超过20%，这些"先行者"的先进经验值得我国借鉴。

（1）完善配套政策：健全法律政策体系，提供制度保障。目前，我国的电力系统和电力市场建立在传统化石能源发电可控性和灵活性的基础之上，仍主要采用发电计划管理、政府定价等计划性手段，缺少灵活的交易和价格机制，可再生能源发电全额保障性收购制度难以落实。

1）发电侧"零和游戏"的电力辅助服务市场使煤电处于付出与回报不对等、责任与获利不对等的困境中，调峰能力得不到充分调用。

2）财政补贴资金来源不足，补贴发放不及时，影响新能源企业正常经营和发展。

3）长期以来以省为实体推进的电力市场建设形成了独立体系、自我平衡、相对封闭的省级市场，不利于全国范围的系统规划、电源结构优化以及跨省调度和交易。

4）《能源法》长期缺位，《中华人民共和国可再生能源法》可操作性相对较差，实施细则及配套法规有待完善。

而欧美国家在推进新能源发展过程中，不仅制定了中长期战略目标，还重视能源立法及体制机制设计（见表1.3）和促进可再生能源发展的政策机制（见表1.4）。

▼表1.3 欧美国家能源立法及体制机制

| 立法方面 | 市场机制方面 | 财政激励政策方面 | 配套市场体系方面 |
|---|---|---|---|
| 1）英国出台《能源法案》及《电力市场改革》；<br>2）德国不断修订《可再生能源法》等法案，以完整的法律框架保证了能源政策的前瞻性、连续性、可操作性 | 英国的双向付费差价合约制度通过合同价格信号引导低碳电力投资，保障可再生能源发电企业收益 | 德国在可再生能源发展的不同阶段，灵活制定包括固定上网电价、溢价补贴和发电招标制度在内的财政激励政策 | 1）英国设置包括碳排放税和配套碳价政策以限制燃煤发电；<br>2）美国基于可再生能源配额制建立配套的绿色证书市场，强制性可再生能源发展目标与绿证市场相互配合、协调运行 |

▼表1.4 国外促进可再生能源发展的政策机制

| 国家 | 立法 | 市场机制 | 财政激励 | 配套市场体系 |
|---|---|---|---|---|
| 北欧 | — | 跨国互联市场 | 固定上网电价 | 可交易绿色证书计划、碳排放交易体系 |
| 德国 | 《可再生能源法》 | — | 固定上网电价、溢价补贴、发电招标制度 | 碳排放交易体系、碳定价机制 |
| 澳大利亚 | 《可再生能源目标法案》 | — | 固定上网电价 | 碳排放交易方案 |
| 美国 | 各州立法 | 风电自报价、双结算系统 | 生产税收抵扣、投资税收抵扣 | 绿色证书市场 |
| 英国 | 《能源法案》 | 差价合约 | 固定上网定价 | 碳价政策 |

（2）提升调节能力：挖掘灵活性资源潜力，提高电力系统可靠性。我国灵活电源装机比重远低于发达国家水平，电力系统的调节能力亟需提升。

1）抽水蓄能、燃气发电等灵活调节电源装机容量比重较低，不足6%。其中，"三北"地区新能源富集，风电、太阳能发电装机容量分别占全国的72%、61%，但灵活调节电源却不足3%。

2）由于改造技术和补偿机制的原因，"十三五"期间，我国2.2亿kW煤电灵活性改造规划目标仅完成了1/4。

3）储能产业发展仍然面临政策体系不完善、投资回报机制不健全、关键核心技术有待突破等问题。

4）需求侧响应多数仍然通过"有序用电"的行政性手段开展，不能灵活跟踪负荷变化。

5）按照"十四五""十五五"年均新增风光装机容量1.1亿kW测算，2025年全国电力系统调节能力缺口将达到2亿kW，2030年进一步增至6.6亿kW，调节能力不足将成为制约新能源发展的重要因素。

目前国际上新能源发展较好的国家，具有灵活调节性能的机组装机比重普遍较高。表1.5为欧美国家灵活电源装机容量占比。

▼表1.5　　　　　　　欧美国家灵活电源装机容量占比

| 国家 | 西班牙 | 德国 | 美国 |
|---|---|---|---|
| 灵活电源装机容量占比 | 34% | 18% | 49% |

德国主要以火电机组作为灵活性电源，包括硬煤发电机组、褐煤发电机组、单循环燃气发电机组以及联合循环燃气发电机组。德国的经验表明，在充分挖掘火电厂潜力的情况下，燃煤机组的最小出力可以从50%~60%下降到35%~50%，爬坡速度可以提升到原来的3倍，冷启动时间缩短5%。

随着欧洲各国陆续实施"退煤"计划，未来抽水蓄能电站、天然气发电、储能、电网互济将发挥更大的调节作用，预计上述灵活性资源装机将从2020年的1.22亿kW增加到2030年的2.02亿kW、2040年的2.6亿kW。

各国的电力需求侧产品种类繁多，负荷集成商将需求侧资源作为产品在容量市场、辅助服务市场、零售市场上参与竞价交易。

（3）做好技术保障：应用先进的发电预测及调度运行技术，提高新能源接入系统运行水平。我国可再生能源发展时间短、速度快、数据积累少、机组数量庞大，给技术保障工作带来了一定的困难。

1）全国目前有超过6000座大型新能源电站和几百万个低压接入的分布式发电系统，在应对复杂多变的资源气候条件、大规模新能源集群发电、极端天气事件的情况下功率预测的准确度不高。

2）我国风电功率短期预测的平均绝对误差多在6%～18%之间，其中西北内陆地区风电功率预测误差较大。

3）适应新能源消纳需要的电网调度运行新机制尚未建立，现有信息化手段不能充分满足新能源功率预测与控制、可控负荷与新能源互动等需要，多能协调控制技术、新能源实时调度技术、送电功率灵活调节技术等新能源消纳平衡技术亟待加强。

在电力系统发电预测及调度运行技术方面，德国的模式值得参考。

1）电力系统消纳新能源的基础是新能源功率预测。德国基于天气预报的新能源功率预测属于商业领域，电网公司以及电力供求各方购买来自专业机构的预测服务。目前，德国风电功率预测误差在2%～4%，太阳能发电功率预测误差在5%～7%。

2）新能源大规模发展后，数量多、规模小、随机性强的新能源机组个体给电网调度模式带来很大压力。德国电网通过各输电网控制中心和上百个配电网控制中心实现对风电场的实时调度。德国《可再生能源法》规定，所有容量大于100kW的可再生能源发电设备必须具备遥测和遥调的技术条件才允许并入电网，风电场实时数据直接上传至配电网控制中心。

（4）统一电力市场：跨国电力互联互济，促进电力资源优化配置。欧洲已建成统一互联电网，并且依托统一电力市场建立了较为完善的市场机制，新能源在各国之间能够基本上实现自由流通。丹麦与周边国家跨国输电线路输电容量达到800万kW，是风电装机容量的1.6倍。2019年，丹麦全国总用电量中46.9%来自风力发电，这主要得益于北欧电力市场和挪威水电的互联互济。德国与周边9国的电力交换能力已经达到2500万kW，占其总装机容量的12%、冬季最高负荷的30%。葡萄牙与西班牙电网相连，最大功率交换能力达310万kW，占风电装机容量的65%。为了增加电网互联容量，欧盟提出2020年各成员国跨国输电能力至少达到本国装机容量的10%，2030年要达到15%。

# 第二篇

# 技术篇

# 电 源 类

## 13 什么是常规能源和新能源?

常规能源也叫传统能源，是指已经大规模生产和广泛利用的能源，如煤炭、石油、天然气等一次性非再生能源，对环境的污染较为严重。

新能源又称非常规能源，是指传统能源之外的各种能源形式，是刚开始开发利用或正在积极研究、有待推广的能源，如太阳能、地热能、风能、海洋能、生物质能等。新能源普遍的特点是对环境污染小或是不污染环境，资源丰富，具备可再生特性，具有大规模利用的发展前景。

## 14 简述近期我国电源发展情况。各种电源发电量占比如何?

2021年，我国电力消费实现高速增长，电力装机结构延续绿色低碳发展态势。截至2021年底，全国全口径发电装机容量23.8亿kW，同比增长7.9%。分类型看，全国全口径火电装机容量13.0亿kW，同比增长4.1%；其中，煤电11.1亿kW，同比增长2.8%，占总发电装机容量的比重为46.7%，同比降低2.3个百分点。水电装机容量3.9亿kW，同比增长5.6%；其中，常规水电3.5亿kW，抽水蓄能3639万kW。核电5326万kW，同比增长6.8%。风电3.3亿kW，同比增长16.6%；其中，陆上风电3.0亿kW，海上风电2639万kW。太阳能发电装机3.1亿kW，同比增长20.9%；其中，集中式光伏发电2.0亿kW，分布式光伏发电1.1亿kW，光热发电57万kW。全口径非化石能源发电装机容量11.2亿kW，同比增长13.4%，占总装机容量比重为47.0%，同比提高2.3个百分点，历史上首次超过煤电装机比重。表2.1为2013~2021年全国电力装机结构。

▼ 表2.1　　　　2013~2021年全国电力装机结构　　（单位：万kW）

| 装机类别 | 2013 | 2014 | 2015 | 2016 | 2017 | 2018 | 2019 | 2020 | 2021 |
|---|---|---|---|---|---|---|---|---|---|
| 火电 | 87009 | 93232 | 100050 | 106094 | 111009 | 114408 | 118957 | 124517 | 129678 |
| 水电 | 28044 | 30486 | 31953 | 33207 | 34411 | 35259 | 35804 | 37016 | 39092 |
| 核电 | 1466 | 2008 | 2717 | 3364 | 3582 | 4466 | 4874 | 4989 | 5326 |
| 风电 | 7652 | 9657 | 13075 | 14747 | 16400 | 18427 | 20915 | 28153 | 32848 |
| 太阳能发电 | 1589 | 2486 | 4318 | 7631 | 13042 | 17433 | 20418 | 25343 | 30656 |

2021年，全国全口径发电量83768亿kWh，同比增长9.8%。分类型看，水电发电量13401亿kWh，同比增速-1.1%，占全国发电量的16.00%；火电发电量56463亿kWh，同比增速9.1%，占全国发电量的67.41%；核电发电量4075亿kWh，同比增速11.3%，占全国发电量的4.84%；风电发电量6556亿kWh，同比增速40.5%，占全国发电量的7.83%；光伏发电的发电量3270亿kWh，同比增速25.2%，占全国发电量的3.90%。图2.1为2016~2021年全国发电量及非化石能源发电占比。

从2021年全国全口径装机规模及发电量来看，煤电仍然是当前我国电力供应的最主要电源，也是保障我国电力安全稳定供应的基础电源。

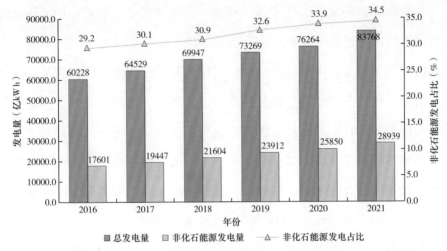

● 图2.1 2016～2021年全国发电量及非化石能源发电占比

## 15 新型电力系统中，常规能源和新能源的角色定位及发展趋势如何？

目前，火电仍是主要发电来源。虽然我国风电和光伏发电的装机占比已经由2016年的13.6%提升至2021年的26.7%，同时火电的装机占比从2016年的64.3%降至2021年的54.6%，但是2021年火电发电量占比仍高达67.4%。传统能源退出和新能源产能扩张必然是一个逐步推进的过程，必须要结合我国"富煤、贫油、少气"的能源结构作出过渡性安排，同时加大对新能源产业的扶持。

2021年12月，中央经济工作会议为传统能源转型指明了方向，即要正确认识和把握"碳达峰、碳中和"，传统能源逐步退出要建立在新能源安全可靠替代的基础上，要立足以煤为主的基本国情，抓好煤炭清洁高效利用，增加新能源消纳能力，推动煤炭和新能源优化组合，使煤炭（煤电）和新能源协同发展。在实现"双碳"目标进程中，电源结构上将逐渐由可控连续出力的煤电装机占主导向强不确定性、弱可控出力的新能源发电装机占主导转变。煤电在短中期仍将作为基础性支撑电源，满足持续增长的电力需求，在中长期会逐步从基荷电源转变为调峰电源，为不稳定的风、光备用和调峰，协助新能源进入成长期，最终实现电网平稳升级。风光等新能源将迅速发展，以沙漠、戈壁、荒漠等地区为重点的大型风电光伏基地规划开发力度加大，新能源将逐步在电源结构中占据主导地位。初步测算到2030年和2060年我国新能源发电量占比将分别超过25%和60%。

在未来新型电力系统建设过程中，宜将常规能源作为"压舱石"。对于保留的化石能源发电机组，近期通过灵活性改造用于系统调峰，远期通过清洁化转型加装碳捕集装置实现深度脱碳，同时提高"退而不拆"的应急备用煤电规模，使之参与辅助服务。未来将形成多元化的电力灵活性资源体系，清洁能源不仅是电量供应主体，还具备主动支撑能力；而常规电源功能则逐步转向调节与支撑，且仍将是电力结构中重要且不可或缺的一部分。

## 16　什么是火电灵活性改造？有哪些主要技术？

随着风光等新能源发电大规模集中并网，电网调峰、调频难度增加，局部地区弃风、弃光、弃水、限核与系统调峰、供暖季电热矛盾等问题突出，电力辅助服务利益关系日趋复杂。2021年底，我国火电占全国电源装机比重达到54.6%，但调峰能力普遍只有50%左右，而国外西班牙、丹麦等国家火电机组都具备深度调峰能力，调峰能力高达80%。为保障电力安全供应和民生供热，大幅提高可再生能源消纳比例，政府先后推出一系列政策推动火电灵活性改造，以提升电力系统调峰能力和灵活性。

火电灵活性通常指火电机组的运行灵活性，即适应出力大幅波动、快速响应各类变化的能力，主要指标包括调峰幅度、爬坡速率及启停时间等。目前，国内火电灵活性改造的核心目标是充分响应电力系统的波动性变化，实现降低最小出力、快速启停、快速升降负荷三大目标；其中降低最小出力，即增加调峰能力是目前最为广泛和主要的改造目标。

灵活性改造涉及电厂内部多个子系统的变化，包括改造本体机组设备、新建其他辅助设备等，而热电机组和纯凝机组的改造范围与机组是否承担供热角色密切相关。以东北地区火电机组灵活性改造为例，按照供暖期和非供暖期两个阶段的不同特点，分为锅炉稳燃技术和机组热电解耦技术。锅炉稳燃技术是机组在非供热状态下进行深度调峰的主要技术手段，包括锅炉超低负荷稳燃技术和低负荷工况下的运行优化技术，其中超低负荷稳燃技术除了常规的稳燃方式以外，富氧燃烧技术作为全新的稳燃方式更符合锅炉超低负荷运行要求。热电解耦技术路线有两种：①采用储存式系统，如热水储热罐、蓄热式电锅炉等；②采用非储热式系统，如切除低压缸进汽供热技术、旁路供热技术。储存式系统是通过增设蓄热设备储存热能从而实现热电解耦，当电网用电负荷低机组处在深度调峰时段，利用蓄热设备对外供热，缓解热电联产机组由于发电负荷降低带来的供热能力下降；非储热式系统通过切除低压缸进汽运行或汽轮机旁路减温减压装置，以增加热网循环水的加热蒸汽量实现供热需求，同时满足电网对于电厂的深度调峰需求。

17　简述我国清洁能源资源禀赋。

我国拥有较为丰富的清洁能源资源，但人均能源资源拥有量在世界上处于较低水平，且清洁能源资源分布不均衡。其中，水资源时空分布极不均衡，风能、光能等新能源资源与全国集中负荷中心呈逆向分布。

我国地域辽阔，地处亚欧大陆东侧，跨高中低三个纬度区，受季风与自然地理特征的影响，南北、东西气候差异很大，致使我国水资源的时空分布极不均衡：①水量在地区上分布不均衡。我国广东、福建、浙江、湖南、广西、云南和西藏东南部等南方地区水系发达，水量丰沛，其水资源量占全国水资源总量的80%以上；而内蒙古、甘肃、宁夏、新疆等北方、东北西部等地区干旱少水，水资源严重缺乏，其水资源量仅占全国水资源总量的14%左右。②水量在时程分配上分布不均匀。受季风气候的影响我国降水和径流在年内分配上很不均匀，年际变化大，枯水年和丰水年持续出现。降水的年际变化随季风出现的次数、季风的强弱及其夹带的水汽含量在各年有所不同。年际间的降水量变化大导致年径流量变化大，且时常出现连续几年多水段和连续几年少水段。根据国家发展改革委发布的最新全国水力资源复查结果，大陆水力资源理论蕴藏量在1万kW及以上的河流共3886条，水力资源理论蕴藏量年电量为60829亿kWh，平均功率为69440万kW；技术可开发装机容量54164万kW，年发电量24740亿kWh，其中经济可开发装机容量40180万kW，年发电量17534亿kWh，分别占技术可开发装机容量和年发电量的74.2%和70.9%，我国水能剩余可开采总量在常规能源构成中超过60%。

我国 10m 高度层的风能资源总储量为 32.26 亿 kW，其中可开发利用的风能资源储量为 2.53 亿 kW，集中分布在东南沿海及其岛屿、内蒙古北部和甘肃北部、黑龙江、吉林东部以及辽东半岛沿海等交通不便、偏僻、电网难以遍及的农牧渔区，有效风能密度 $200W/m^2$ 以上，全年中风速大于或等于 3m/s 的时数为 5000h 以上，全年中风速大于或等于 6m/s 的时数为 3000h 以上。青藏高原北部有效风能密度在 $150\sim220W/m^2$ 之间，全年风速大于和等于 3m/s 的时数为 $4000\sim5000h$，全年风速大于和等于 6m/s 的小时数为 3000h，但青藏高原海拔高、空气密度小，有效风能密度较低。云南、贵州、四川、甘肃、陕西南部、河南、湖南西部、福建、广东、广西的山区及新疆塔里木盆地和西藏的雅鲁藏布江为风能资源贫乏地区，有效风能密度在 $50W/m^2$ 以下，全年中风速大于或等于 3m/s 的时数为 2000h 以下，全年中风速大于或等于 6m/s 的时数为 150h 以下。

我国主要处于温带和亚热带，具有比较丰富的太阳能资源。根据全国气象台站长期观测积累的资料表明，我国各地的太阳辐射年总量大致在 $3.35\times10^3\sim8.40\times10^3MJ/m^2$ 之间，其平均值约为 $8.40\times10^3MJ/m^2$。该等值线从大兴安岭西麓的内蒙古东北部开始，向南经过北京西北侧，朝西偏南至兰州，然后径直朝南至昆明，最后沿横断山脉转向西藏南部。在该等值线以西和以北的广大地区，除天山北面的新疆小部分地区的年总量约 $4.46\times10^3MJ/m^2$ 外，其余绝大部分地区的年总量都超过 $5.86\times10^3MJ/m^2$。即我国太阳能集中分布在宁夏北部、甘肃北部、新疆南部、青海西部、西藏西部、河北西北部、内蒙古南部等地区，分布由高纬度向低纬度递减，呈现西多东少、北多南少的特征，青藏高原最丰富、四川盆地最贫乏。

我国地热能主要分布在滇西及西藏南部，其次是在东南沿海和渤海湾地区，分布不平衡，具有明显的不均一性，基本上沿大地构造板块边沿的环太平洋地热带、地中海—喜马拉雅地热带分布，多数属中低温地热资源，主要分布在福建、广东、湖南、湖北、山东、辽宁等省。我国有400万km²的沉积盆地，地热资源也比较丰富，但差别十分明显，总体来说盆地的地温梯度是由东向西逐渐变小。地处东部的松辽平原、华北盆地和下辽河盆地等地温梯度较高，一般为2.5～6℃/100m；位于中部的四川盆地一般为2.5～6℃/100m；位于西部的柴达木盆地和塔里木盆地仅为1.5～2℃/100m。

海洋能中外海的温差、海流和波浪能主要在东海和南海，沿岸的潮汐、波浪、盐差能和潮流能以东海的浙江和福建沿岸最多，其次是南海的广东东部沿岸。海洋能分布呈资源分布不均、资源量多随时间变化的特点，除温差和海流能较为稳定外，潮汐和潮流短周期变化明显，开发利用难度较大。

## 18　新能源出力有什么特点？对电网有什么影响？

风能、太阳能等新能源发电具有间歇性、随机性、波动性的特点。随着新能源发电占比的提升，其对电源侧出力特性的影响不断加大。新能源大规模集中接入后对电网的影响体现在以下四个方面：①电力系统安全稳定风险增大。风光发电大规模替代常规机组将使系统总体有效惯量减小，抗扰动能力降低，电网承受较大潮流波动压力，频率控制难度加大。风光发电机组容易大规模脱网，引发严重的连锁故障，电力电子装置大量应用增加次同步振荡风险。②电力供应保障难度增加。风光发电"靠天吃饭"特征明显,电力支撑能力不足,影响供电可靠性。极端气候状况下,风光发电出力极不稳定甚至停机,加大电网供需失衡风险。③电源主体利益协调难度增加。新能源逐步成为电力电量主体,将改变传统发电市场格局,煤电、气电等化石能源发电利用效率降低。④电力总成本提高。海上风电、光热等发电成本目前仍较高,新能源接入及跨区调剂需要加大电网投资,还需配套相当规模的调节性电源和兜底保障电源,导致电力总成本提高。

## 19 我国新能源开发利用原则是什么?

我国在新能源资源的开发利用上统筹考虑各地区的能源需求和清洁低碳能源资源情况,坚持因地制宜原则,坚持集中式与分布式并举,清洁电力外送与就地消纳相结合。既支持以沙漠、戈壁、荒漠地区为重点推进大型风、光基地建设,又支持风光等分布式新能源发电的全面推广,创新农村可再生能源开发利用机制,在农村地区优先支持屋顶分布式光伏发电以及沼气发电等生物质能发电接入电网,形成优先通过清洁低碳能源满足新增用能需求并逐渐替代存量化石能源的能源生产消费格局。2022年1月,国家发展改革委和国家能源局发布的《"十四五"现代能源体系规划》中提出,全面推进风电和太阳能发电大规模开发和高质量发展,在风能和太阳能资源禀赋较好、建设条件优越、具备持续整装开发条件、符合区域生态环境保护等要求的地区,有序推进风电和光伏发电集中式开发,加快推进以沙漠、戈壁、荒漠地区为重点的大型风电光伏基地项目建设，优化推进新疆、青海、甘肃、内蒙古、宁夏、陕北、晋北、冀北、辽宁、吉林、黑龙江等地区陆上风电和光伏发电基地化开发，重点建设广东、福建、浙江、江苏、山东等海上风电基地。

## 20　风力发电关键技术有哪些？

风力发电实际上是利用风力的动能，推动螺旋叶片旋转，先将风力的动能转化为机械能，在叶轮转动的过程中带动与叶轮转轴连接的发电机转动，从而将机械能转化为电能，因此最简单的风力发电设备可以由风车叶片和发电机组成。风力发电技术包括风机技术、风电功率预测技术、风电调频技术和风电并网技术等。

（1）风机技术。当前主流的发电机是双馈异步风力发电机和永磁直驱同步风力发电机，表2.2是两种主流风力发电机在结构和性能上的对比。

▼ 表2.2　　　　　主流风力发电机结构、性能比较

| 结构 | 双馈异步风力发电机 | 永磁直驱同步风力发电机 |
|---|---|---|
| 齿轮箱 | 有 | 无 |
| 滑环 | 有 | 无 |
| 励磁 | 电励磁 | 永磁 |
| 造价 | 低 | 永磁材料为稀有金属，电机造价高 |
| 维护 | 含齿轮箱，维护量大 | 没有齿轮箱，维护量小；但尺寸、体重大，维护费用高 |

续表

| 性能 | 双馈异步风力发电机 | 永磁直驱同步风力发电机 |
| --- | --- | --- |
| 发电效率 | 变流容量为全功率的1/4；齿轮箱耗电，效率低 | 变流容量为全功率逆变，效率更高 |
| 电网兼容性 | 弱 | 具有较强电容补偿、低电压穿越能力，对电网冲击小 |
| 可承受瞬间电压波动范围 | 小 | 大 |
| 谐波畸变控制 | 难 | 易 |

　　双馈异步风力发电机在性能方面总体上不如永磁直驱同步风力发电机，但由于其发展较早，技术相对成熟，故使用仍较频繁。永磁直驱同步风力发电机造价贵，但其具有更高的发电效率和更强的电网兼容性，对电网以及用户更加友好。未来随着永磁材料和电机小型化发展，永磁直驱同步风力发电机将更加具有竞争优势。

　　为了高效地捕获风能、增强发电能力，风力发电机一般采用最大功率跟踪控制（maximum power point tracking，MPPT），即由风况决定输出功率。MPPT控制下的输出功率与电力系统频率呈复杂的非线性关系，将削弱电力系统抵御波动的能力。

　　（2）风电功率预测技术。在新型电力系统中，可以根据预测的结果提前对电网调度进行调整，提升电网的稳定性并促进风电消纳。根据预测的周期进行分类，可以将风电功率预测方法分为超短期预测方法、短期以及中长期预测方法。其中，超短期预测主要应用于风电的实时调度环节，短期预测主要应用于对风电机组的日前安排以及调度，而中长期预测主要应用于对区域风力资源的评估。

（3）风电调频技术。在新型电力系统中，可以让风电机组和风电场参与电力系统调频。对于风电机组参与调频，可以分为转子动能控制、功率备用控制、转子动能与功率备用联合控制三类。对于风电场参与调频，可以分为风电场调频控制、储能等辅助设备实现风电调频两类。风电调频控制策略的制定需要借助风电机组模型、风电场系统模型和风电并网系统调频模型。

（4）风电并网技术。当前风电并网可行技术及研究热点包括交流并网技术、传统直流并网技术和柔性直流并网技术；其中传统的交流并网方式相对更加成熟，目前仍然占据主要地位。未来，电力电子技术的发展将推动直流并网技术的应用。

## 21　太阳能发电关键技术有哪些？

目前太阳能发电技术主要包括光伏发电、光热发电、热风发电以及太阳池发电等。

（1）光伏发电技术。光伏发电技术是一种直接将太阳光的辐射能转化为电能的发电技术，它主要利用的是半导体PN结的光生伏特效应。当太阳光照射在PN结上时，部分光被反射，其余部分能量中的光子将半导中的电子从共价键中激发，形成空穴—电子对。在PN结内建电场的作用下，发生扩散运动，空穴由N区流向P区，电子由P区流向N区，接通外电路后就形成电流，太阳能便被转化为电能。太阳能光伏发电系统一般由太阳能电池组件、控制器、蓄电池组、直流—交流逆变器、直流负载、交流负载等部分组成，如图2.2所示。

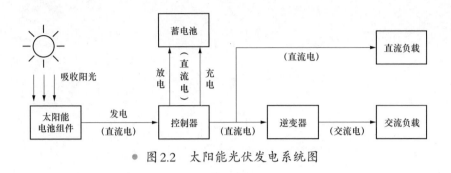

● 图2.2　太阳能光伏发电系统图

（2）光热发电技术。光热发电技术，又称聚光太阳能发电，是利用光学的反射或折射原理，将光能聚集到点或线上，利用集热器吸收储存太阳能的热量，再通过热交换系统将热量传递给流体，从而产生高温蒸汽，推动汽轮机及发电机组旋转，最终产生电能。具体系统组成如图2.3所示。

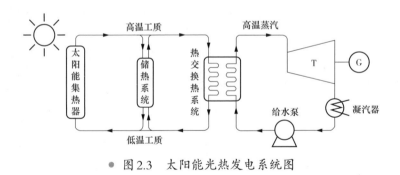

● 图2.3　太阳能光热发电系统图

（3）热风发电技术。热风发电技术，俗称"烟囱发电"，主要应用空气动力学原理。空气在密闭的环境中经过太阳照射后，体积膨胀，压强变大，形成热气流，带动发电机组发电。整个热风发电系统包括烟囱、集热棚、蓄热层和涡轮发电机组四大部分，如图2.4所示。

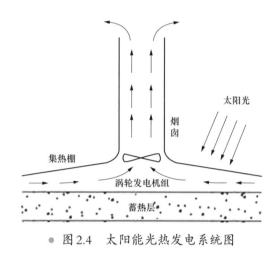

太阳光

烟囱

集热棚

涡轮发电机组

蓄热层

● 图2.4　太阳能光热发电系统图

（4）太阳池发电技术。太阳池发电技术是太阳能开发和利用的另一条途径。太阳池实际上是盐水池，它内部溶液的盐度自上而下逐渐增加，直至饱和，能够更好地聚集能量，减少对流散热，使底层溶液保持高温状态。太阳池发电就是用池底的高温溶液作为热源，通过热交换器加热介质，从而驱动汽轮发电组发电。太阳池发电系统结构简单，对周围的光照强度要求不高，但是太阳池占地面积大，出现泄漏时会造成环境污染及热损失，建造工艺要求较为苛刻。

## 22　什么是分布式电源？分布式电源并网对电网运行的影响有哪些？

分布式电源指在用户所在场地或附近建设安装，主要是以配电网系统平衡调节为特征的发电设施或有电力输出的能量综合梯级利用多联供设施。运行方式主要是用户侧自发自用为主、多余电量上网。分布式电源包括太阳能、天然气、生物质能、风能、地热能、海洋能、资源综合利用发电（含煤矿瓦斯发电）等。

大量分布式电源并网后对配电网运行的影响主要体现在电能质量、继电保护、配电网可靠性等方面。

（1）对电能质量的影响。由于分布式发电多由用户控制，用户会根据需要频繁启动和停用，造成配电网的线路负荷潮流变化加大，使电压调整的难度增加，同时不同的分布式发电运行方式易产生电压闪变，造成谐波污染等。

（2）对继电保护的影响。大量分布式电源并网将导致继电器的保护区缩小，易造成误动，可能使重合闸动作不成功。

（3）对配电网可靠性的影响。分布式发电的安装地点、容量和连接方式不当，或与继电保护的配合不好会造成供电可靠性降低；但分布式发电也可以增加配电网的输电裕度，缓解电压暂降，提高系统可靠性。

（4）对配电系统实时监视、控制和调度方面的影响。分布式发电接入使信息采集、开关设备操作、能源调度等过程复杂化，需要依据分布式发电并网规程重新审定，并通过并网协议最终确定。

（5）对孤岛运行的影响。配电网并网断路器断开后，若分布式发电的继电器不能迅速作出反应，仍然向部分馈线供电，会造成系统或人员安全方面的损害。同样当配电网重合闸时，孤岛运行的分布式发电可能因为异步重合造成发电设备损坏，因此分布式发电和配电网的运行控制策略十分重要。

# 电网类

## 23 我国电网按照电压等级如何分类?

目前我国电网组成结构可以分为低压、中压、高压、超高压和特高压几种。其中,低压是指1kV及以下的电压等级,中压是指1kV以上、35kV及以下的电压等级,高压是指35kV以上、330kV以下的电压等级,超高压是指330kV及以上、750kV及以下的电压等级,特高压是指±800kV及以上的直流电压和1000kV及以上的交流电压。

(1)低压电网主要用于生产、生活的终端用电,主要为220V、380V电压网络。

(2)中压电网主要包含10(6)kV、20kV、35kV电压等级,主要功能是从输电网或高压配电网接受电能,向中压用户供电,或再经过变压后向下一级低压配电网提供电源。中压配电网具有供电面广、容量大、配电点多等特点。

(3)高压电网主要包括110(66)kV、220kV电压等级,主要功能是从更高电压等级的输电网络获取电能,向中远距离的用户或者中压电网提供电源,主要在省内电网起着"承上启下"的作用。

(4)超高压电网主要包括330kV、500kV、750kV电压等级,主要承担跨省跨区远距离、大容量输电,我国第一条超高压输电线路是1972年投运的刘天关(甘肃刘家峡—天水—陕西关中)线路。

(5)特高压电网是指±800kV及以上的直流电网或1000kV及以上的交流电网,特高压电网适合更长距离、更低损耗输送更大容量的电力。

## 24 简述适应新型电力系统构建的电网结构发展方向。

2022年1月24日，习近平总书记在主持中共中央政治局第三十六次集体学习时指出，要加大力度规划建设以大型风光电基地为基础、以其周边清洁高效先进节能的煤电为支撑、以稳定安全可靠的特高压输变电线路为载体的新能源供给消纳体系。

在服务"双碳"目标背景下，建设新型电力系统需要大力推动跨省、跨区大规模输电，将优质清洁的电力从发电基地输送到负荷中心，同时分布式电源、储能的快速发展将带动配电网从"无源"向"有源"转变，结合区域微电网发展，未来电网结构将发展成为以特高压为骨干网架，各级电网分层分区协调发展，分布式电源、储能大量接入配电网，局部微电网与大电网共存的结构形态。一是以交直流互联为大电网主干。我国能源资源与需求逆向分布的基本国情，新能源出力的随机性、强时空相关性，都决定了近期交直流互联大电网仍需扩大规模才能满足远距离大规模输电、新能源跨省/跨区消纳平衡的需求。二是多种组网形式并存。交流电力系统需要同步电源的支撑，难以适应新能源集中开发、海上风电、大量分布式新能源接入等局部场景，应鼓励发展分布式微电网、纯直流电力系统等多种组网技术，因地制宜选择技术路线。

## 25 简述向新型电力系统转型升级过程中，电网稳定运行面临的挑战及应对措施。

（1）面临的挑战。

传统电力系统向新型电力系统转型升级，相关物质基础和技术基础持续深刻变化。一次能源特性、电源布局与功能、网络规模与形态、负荷结构与特性、电网平衡模式、电力系统技术基础都将发生较大的变化，因此对于电网的稳定运行将带来巨大的挑战。

1）稳定基础理论面临挑战。新能源时变出力导致系统工作点快速迁移，基于给定平衡点的传统稳定性理论存在不适应性。新能源发电有别于常规机组的同步机制及动态特性，使得经典暂态功角稳定性定义不再适用。高比例的电力电子设备导致系统动态呈现多时间尺度交织、控制策略主导、切换性与离散性显著等特征，使得对应的过渡过程分析理论、与非工频稳定性分析相协调的基础理论亟待完善。

2）控制基础理论有待创新。传统电力系统的控制资源主要是同步发电机等同质化大容量设备。而在新型电力系统中，海量新能源和电力电子设备从各个电压等级接入，控制资源碎片化、异质化、黑箱化、时变化，使得传统基于模型驱动的集中式控制难以适应，需要新的控制基础理论对各类资源有效实施聚类与调控。

3）传统安全问题长期存在。在未来相当长的时间内，电力系统仍以交流同步电网形态为主；但随着新能源大量替代常规能源，维持交流电力系统安全稳定的根本要素被削弱，传统的交流电网稳定问题加剧。例如，旋转设备被静止设备替代，系统惯量不再随规模增长甚至呈下降趋势，电网频率控制更加困难；电压调节能力下降，高比例新能源接入地区的电压控制困难，高比例受电地区的动态无功支撑能力不足；电力电子设备的电磁暂态过程对同步电机转子运动产生深刻影响，功角稳定问题更为复杂。

4）高比例电力电子设备、高比例新能源接入（"双高"）的电力系统面临新的问题。在近期，新能源机组具有电力电子设备普遍存在的脆弱性，面对频率、电压波动容易脱网，故障演变过程更显复杂，与进一步扩大的远距离输电规模相叠加，导致大面积停电的风险增加；同步电源占比下降、电力电子设备支撑能力不足导致宽频振荡等新形态稳定问题，电力系统呈现多失稳模式耦合的复杂特性。在远期，更高比例的新能源甚至全电力电子系统将伴生全新的稳定问题。

（2）应对措施。

转型期的电力系统仍然是以交流电力系统为主，需要在遵循交流电力系统的基本原理和技术规律基础上，寻求新的手段、加快措施布局，保障足够的系统惯量、调节能力、支撑能力，筑牢电网安全稳定基础。

1）保持系统惯量是系统安全运行的基本要求。一是保持适度规模的同步电源，通过技术创新来调整常规电源的功能定位，在政策层面保障燃煤机组从装机控制转向排放控制。二是扩大交流电网规模，提高同步电网整体惯量水平，增强抵御故障能力，更好促进清洁能源消纳的互联互通。三是开发新型惯量支撑资源，发展新能源、储能等方面的新型控制技术，提高电力电子类电源对系统惯量的支撑能力。

2）提升调节能力是电力系统适应不断加大的波动性、有功/无功冲击的重要保证。关于调峰，在提升电源侧调节能力的同时，推进电动汽车、分布式储能、可中断负荷参与调峰，扎实提高电网资源配置能力，共享全网调节资源。关于调频，推动新能源、储能、电动汽车等参与系统调频，发挥直流输电设备的频率调制能力。关于调压，发挥常规机组的主力调压作用，利用柔性直流、柔性交流输电系统设备参与调压，研究电力电子类电源场站级的灵活调压，探索分布式电源、分布式储能参与低压侧电压调节。

3）强化支撑能力是电力系统承载高比例电力电子设备、确保高比例受电地区安全稳定运行的关键。一是开展火电、水电机组调相功能改造，鼓励退役火电改调相机运行，提高资产利用效率。二是在新能源场站、汇集站配置分布式调相机，在高比例受电、直流送受端、新能源基地等地区配置大型调相机，保障系统的动态无功支撑能力，确保新能源多场站短路比水平满足运行要求。三是要求新能源作为主体电源承担主体安全责任，通过技术进步来增强主动支撑能力。

## 26　特高压的输电模式是什么？

按照使用场景的不同，特高压的输电模式可以分为交流输电和直流输电。

特高压交流输电工程中间可以落点，具有组网功能，可以根据电源分布、负荷布点、输送电力、电力交换等实际需要构成电网。特高压交流输电具有输电容量大、覆盖范围广的特点，为国家级电力市场运行提供平台，能灵活适应电力市场运营的要求；且输电走廊明显减少，线路、变压器有功功率损耗与输送功率的比值较小。

特高压直流输电工程主要以中间不落点的两端工程为主，可点对点、大功率、远距离直接将电力送往负荷中心。直流输电可以减少或避免大量过网潮流，按照送、受端运行方式变化而改变潮流，潮流方向和大小均能方便地进行控制。研究结果表明，从经济和环境等角度考虑，高于 $\pm 500kV$ 的特高压直流输电是远距离、大容量输电的优选方式，但高压直流输电必须依附于坚强的交流电网才能发挥作用。

交流与直流都是电网的组成部分，在电网中的应用各有特点，两者相辅相成，需构建交流、直流相互支撑的坚强电网。直流输电适用于超过交直流经济等价距离的远距离点对点、大容量输电；"背靠背"直流输电技术主要适用于不同频率的系统间的联网。交流输电主要定位于构建坚强的各级输电网络和电网互联的联络通道，同时在满足交直流输电的经济等价距离条件下，广泛应用于电源的送出，为直流输电提供重要的支撑。

相比于常规高压输电与超高压输电技术，特高压输电技术具有以下优点：

（1）输送容量大。1000kV特高压输电线路的自然功率接近5000MW，约为500kV输电线路的5倍；±800kV直流特高压输电能力达6400MW，是±500kV高压直流的2.1倍。

（2）送电距离远。在输送相同功率的情况下1000kV特高压输电线路的最远送电距离约为500kV线路的4倍；采用±800kV直流输电技术使超远距离的送电成为可能，经济输电距离可以达到2500km及以上。

（3）线路损耗低。在导线总截面、输送容量均相同时，1000kV交流线路电阻损耗是500kV的25%，±800kV直流线路的电阻损耗是±500kV的39%。特高压输电大幅度降低了输电线路损耗，具有明显的节约电能、提高输电效率的作用。

（4）节省走廊占地面积。交流特高压线路走廊宽度为81m，单位走廊输送能力为62MW/m，约为500kV线路的3倍。±800kV、6400MW直流输电线路的走廊宽度约76m，单位走廊宽度输送容量为84MW/m，是±500kV、3000MW的1.29倍。特高压线路大幅度提高了单位走廊的输电能力，节省线路占地面积和国土资源，这在当前我国国土资源紧张的情况下，具有重大的意义。

（5）有利于跨区能源灵活调配与消纳。特高压交流输电适用于远距离、大容量电能传输,同时还能构建网络,实现跨区电力的灵活调配与消纳;特高压直流输电可实现超远距离、超大容量的"点对点"电能传输,超远距离的能源跨区调配与消纳。

（6）有利于清洁能源消纳。风光水等可再生能源主要分布在我国西部,特高压、大容量、远距离输电可实现清洁能源的有效消纳,解决西部新能源消纳难题和东部环境压力,缓解输煤带来的交通运输压力,助力"碳达峰、碳中和"。

## 27 我国为什么要发展特高压？特高压建设对建设新型电力系统有什么作用？

我国能源资源的总体分布西多东少、北多南少,我国80%以上的能源资源分布在西部、北部;70%以上的电力消费集中在东部和中部,能源资源与负荷中心分布不均衡的特征明显。一方面,为了实现"双碳"目标,必须大幅度提升清洁可再生能源发电在总发电量中的比重以及电能在终端能源消费中的比重,这就要求将西部大型能源基地中清洁可再生能源发电输送至东部负荷中心;另一方面,我国正处于经济快速增长的关键时期,电力需求持续较快增长,需求重心也将长期处于东中部地区,而大型能源基地与东中部负荷中心之间的距离达到1000～3000km,超出传统超高压输电线路的经济输送距离,由于资源丰富地区经济较落后,人口也比较稀少,产生的电量仅少部分能就地消纳,又因电力资源不易存储,如果没有办法将大规模电量外送,则会造成大量资源浪费。与超高压输电技术相比,特高压本身具有输电容量大、输电距离远、能耗低、占地少、经济性明显等特点，其中输电距离长是其最大的特点。

在我国建设以特高压电网为骨干网架，形成"强交强直"的交直流混合输电格局，电网结构将更加合理。特高压电网承载能力强，能够实现电力大容量、远距离输送和消纳，能够保证系统安全运行，具有抵御各种严重事故的能力。坚强智能的特高压交直流混合电网，不仅是电能输送的载体，而且是构建现代能源体系的重要组成部分，成为结构坚强、功能强大的资源优化配置平台，其安全可靠水平和抵御严重事故的能力大幅提升。

"双碳"目标背景下，国家层面将大力支持大型新能源基地建设，推动构建以清洁低碳能源为主体的能源供应体系：以沙漠、戈壁、荒漠地区为重点，加快推进大型风电、光伏发电基地建设，支持新能源电力能建尽建、能并尽并、能发尽发。清洁能源的发电和传输消纳互为前提，缺一不可，大力支持新能源电力的传输和消纳，完善适应可再生能源局域深度利用和广域输送的电网体系，整体优化输电网络和电力系统运行，提升对可再生能源电力的输送和消纳能力，特高压在承担电力"广域输送"方面起着非常重要的作用。

因此，保障大型能源基地的集约开发和电力可靠送出，适应大规模清洁能源安全并网和高效消纳，助力国家"碳达峰、碳中和"目标实现，加快构建更好消纳清洁能源的新型电力系统，需要加快发展特高压输电。

## 28 简述我国的特高压发展历史。

我国特高压从"白手起家"到走向国际用了20余年的时间，道路崎岖、过程艰难，但取得的成绩有目共睹。我国在特高压技术、装备等方面已取得重要突破,在特高压领域的技术理论、设备制造、勘察设计、建设运行等方面均达到世界领先水平。特高压输电关键技术包含系统电压控制、潜供电流抑制、外绝缘配合、电磁环境控制、直流系统设计等方面。目前我国在国际上已形成特高压交直流输电技术标准体系,中国特高压交流电压被确定为国际标准电压,其中国家电网有限公司组织攻克310项关键技术,主导编制特高压输电国际标准75项、国家标准788项。

(1)我国特高压交流输电技术的发展历史。

我国自1986年起就开展了特高压交流输电前期研究项目,开始对特高压交流输变电项目进行研究;1990~1995年开展了远距离输电方式和电压等级论证;1990~1999年就特高压输电前期论证和采用交流百万伏特高压输电的可行性等专题进行了研究,对特高压输电有了初步认识。

2004年,国家电网公司启动了特高压输电工程关键技术研究和可行性研究,组织相关科研机构和设备制造厂家进行相关关键技术的研究。根据制定的特高压交流输电关键技术研究框架,完成了共计46项特高压交流输电技术课题的研究。

2005年,我国完成了特高压输电试验示范工程的优选和可行性研究工作,初步明确了我国特高压输电试验示范工程方案为晋东南—南阳—荆门。1000kV晋东南—南阳—荆门特高压交流试验示范工程线路长度为640km,于2009年初正式投运,其扩建工程于2011年12月完成,实现了单回线路稳定输送5000MW的目标。该工程的实施有利于全面进行特高压输电系统及其设备的考核试验,其成果可直接用于今后我国特高压电网的建设。

到2006年,我国特高压交流输电研究项目取得了大量的第一手研究成果，解决了建设特高压试验示范工程的全部关键问题，基本掌握了特高压交流输变电的技术特点和特高压电网的基本特性。

（2）我国特高压直流输电技术的发展历史。

特高压直流输电技术的发展伴随着一系列电力技术和设备的研发、创新。我国从2004年开始对±800kV特高压直流输电工程技术进行全面深入的研究，并将研究成果直接应用于±800kV工程建设，取得了圆满成功。

从2004年到2010年7月，通过5年多的自主研究和建设，我国建成了世界上电压等级最高、输电容量最大、输电距离最长、技术最先进的特高压直流工程向家坝—上海±800kV特高压直流输电示范工程，工程于2009年单极投产，2010年全部投运，额定功率为6400MW，直流线路长1891km。

2010年，云南—广州±800kV特高压直流输电工程竣工投产。云广直流工程额定容量5000MW，每天可将云南澜沧江、金沙江流域清洁水电近1.2亿kWh送至粤港澳大湾区中心。

（3）我国特高压建设步入新阶段。

2011年后特高压建设真正迎来第一次高潮，2013年9月，国务院《大气污染防治行动计划》提出后，特高压发展再次加速。2015年7月，国家电网公司独立中标巴西美丽山水电特高压直流送出二期项目，实现了中国特高压输电技术、电工装备和运行管理一体化"走出去"，标志中国特高压输电技术、规范和标准在全球范围内进入实质应用阶段。特高压输电技术已成为继高铁、核电之后中国在世界范围内的第三张高科技名片。

2020年3月1日，中央电视台中文国际频道"新基建"专题提出包含特高压在内的七大"新基建"领域。随后，国家电网有限公司在2020年6月15日举行的"数字新基建"重点建设任务发布会暨云签约仪式上表示，

2020年4月已增设重点向特高压等领域倾斜的投资，标志着特高压建设正式融入"新基建"战略，步入新阶段。

### 29 简述我国特高压的建设现状及其"十四五"发展规划。

截至2021年底，我国累计建成投运"十五交十七直"共32项特高压工程。其中，国家电网有限公司已累计建成投运"十五交十三直"共28项特高压工程，如图2.5所示；中国南方电网有限责任公司已累计建成投运4条特高压直流输电工程。各特高压工程详单见表2.3～表2.5。

▼ 表2.3　国家电网有限公司已建成投运的特高压交流工程（截至2021年底）

| 序号 | 工程名 |
|---|---|
| 1 | 晋东南—南阳—荆门1000kV特高压交流试验示范工程 |
| 2 | 浙北—福州1000kV特高压交流输变电工程 |
| 3 | 锡盟—山东1000kV特高压交流工程 |
| 4 | 淮南—南京—上海1000kV特高压交流输变电工程 |
| 5 | 淮南—浙北—上海1000kV特高压交流输变电工程 |
| 6 | 蒙西—天津南1000kV特高压交流输变电工程 |
| 7 | 锡盟—山东1000kV特高压交流输变电工程 |
| 8 | 榆横—潍坊1000kV特高压交流输变电工程 |
| 9 | 雄安—石家庄1000kV交流特高压输变电工程 |
| 10 | 苏通1000kV GIL综合管廊工程 |
| 11 | 潍坊—石家庄1000kV特高压交流工程 |
| 12 | 张家口—雄安1000kV特高压交流输变电工程 |
| 13 | 驻马店—南阳1000kV特高压交流工程 |
| 14 | 蒙西—晋中1000kV特高压交流工程 |
| 15 | 南昌—长沙1000kV特高压交流工程 |

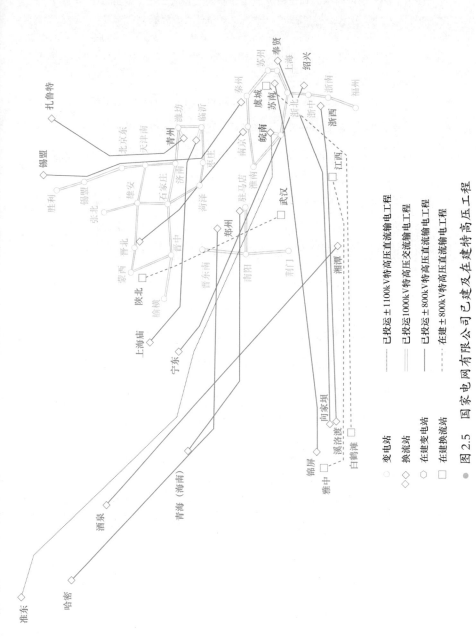

图 2.5 国家电网有限公司已建及在建特高压工程

- 已投运±1100kV特高压直流输电工程
- 已投运1000kV特高压交流输电工程
- 已投运±800kV特高压直流输电工程
- 在建±800kV特高压直流输电工程

- ○ 变电站
- ◇ 换流站
- ⬡ 在建变电站
- ▢ 在建换流站
- ● 已建特高压

▼ 表2.4 国家电网有限公司已建成投运的特高压直流工程（截至2021年底）

| 序号 | 工程名 |
|---|---|
| 1 | 复奉直流：向家坝（四川、云南交界）—上海 ±800kV 特高压直流输电示范工程 |
| 2 | 锦苏直流：锦屏（贵州）—苏南 ±800kV 特高压直流输电工程 |
| 3 | 天中直流：哈密南—郑州 ±800kV 特高压直流输电工程 |
| 4 | 宾金直流：溪洛渡左岸（四川、云南交界）—浙江金华 ±800kV 特高压直流输电工程 |
| 5 | 祁韶直流：±800kV 祁韶（甘肃酒泉—湖南湘潭）特高压直流输电工程 |
| 6 | 雁淮直流：±800kV 山西晋北送电江苏南京特高压直流输电工程 |
| 7 | 锡泰直流：锡盟—江苏泰州 ±800kV 特高压直流输电工程 |
| 8 | 昭沂直流：内蒙古上海庙—山东临沂 ±800kV 特高压直流输电工程 |
| 9 | 鲁固直流：内蒙古扎鲁特—山东青州 ±800kV 特高压输电工程 |
| 10 | 吉泉直流：新疆昌吉—安徽皖南 ±1100kV 特高压直流输电工程 |
| 11 | 灵绍直流：宁夏灵武市—浙江绍兴 ±800kV 特高压直流输电工程 |
| 12 | 青豫直流：青海海南州—河南郑州 ±800kV 特高压直流工程 |
| 13 | 雅江直流：雅中—江西 ±800kV 特高压直流工程 |

▼ 表2.5 中国南方电网有限责任公司已建成投运的特高压直流工程（截至2021年底）

| 序号 | 工程名 |
|---|---|
| 1 | ±800kV 楚穗特高压直流 |
| 2 | ±800kV 普侨特高压直流 |
| 3 | ±800kV 新东特高压直流 |
| 4 | ±800kV 昆柳龙特高压直流 |

## 30　什么是主动配电网？有什么特征？

传统配电网采用"闭环接线、开环运行"的模式，电源结构单一、源—网—荷之间单向传输，联动性弱，供电定制化程度低，属于被动型配电网。

主动配电网是内部具有分布式或分散式能源，是具有控制和运行能力的配电网。主动配电网有四个特征，①具备一定分布式可控资源；②拥有较为完善的可观可测可控水平；③具有实现协调优化管理的管控中心；④呈可灵活调节的网络拓扑结构。

主动配电网是一个能量交换与分配的网络，其潮流与故障电流双向流动，传统配电网的潮流与故障分析、电压无功控制、继电保护方法以及运行管理措施已不再适应，均需要做出相应的调整与改进。称其为主动配电网，意在强调分布式电源主动地调节其无功与有功输出，并将现代通信手段应用于配电网的协调控制，以充分发挥分布式电源的作用，实现配电网的优化运行。

## 31　主动配电网的关键技术有哪些？

主动配电网的关键技术包括主动配电网规划、优化运行、供电恢复、负荷管理技术等。

（1）主动配电网规划技术。与传统配电网规划不同，主动配电网的规划设计过程中不仅要考虑传统规划的内容，更要考虑新出现的分布式电源、需求侧管理等不同信息，同时由于可再生能源（风、光等）的出力存在不确定性，使得考虑分布式能源的主动配电网规划问题也将具有很大的不确定性。

（2）主动配电网优化运行技术。优化运行是主动配电网的核心，自治区域的自动控制与区域间的协调控制都依赖于优化值。对于传统的电力系统优化技术来说，考虑到分布式能源的不确定性、储能技术及需求侧响应技术的应用，运行优化更加趋向于非线性化以及复杂化，传统的优化技术难以适应主动配电网，需要研究分布式集群优化的理论和方法。集群化并网有助于分布式可再生能源发电规模有序、安全可靠、经济高效地接入配电网，实现大规模分布式可再生能源的最大化消纳以及与配电网的友好协调；集群控制可以参与虚拟电厂的高效运行和市场交易。

（3）主动配电网供电恢复技术。主动配电网故障处理算法主要包括故障定位、故障隔离与非故障区域供电恢复三大部分，通常简称为故障处理。自愈作为主动配电网的主要特征与重要组成部分，可以最大程度地减少电网故障对用户的影响，并且支持大量分布式电源接入。主动配电网故障状态的自愈处理是智能配电网自愈功能实现过程中重要的一环，主要包括集中式故障处理与分布式故障处理两大类。

（4）主动配电网负荷管理技术。通信技术与传感量测技术的发展为主动配电网需求侧负荷控制提供了可能。在主动配电网中，用电管理部门可以利用高级量测设备捕获实时负荷数据信息，并利用智能插座、智能用户终端与智能红外控制器对负荷进行合理控制。这对实现主动负荷管理，平抑分布式电源功率波动，优化系统运行具有重要意义。

## 32 什么是微电网？有什么特征？

微电网是指由分布式电源、储能装置、能量转换装置、负荷、监控和保护装置等组成的小型发配电系统。微电网既可以与外部电网并网运行，也可以孤立运行，是能够实现自我控制、保护和管理的自治系统。微电网系统中通常包含有四类装置：①能量提供装置，如微电源（包括风机、光伏等）、微型燃气轮机；②负荷，即用能装置，包括用电装置、热能负荷；③储能装置；④控制装置，如断路器。

微电网的特征包括：①微电网电压等级一般在10kV以下，系统规模一般在兆瓦级及以下，与终端用户相连，电能就地利用；②微电网内部分布式电源以清洁能源为主，或采取以能源综合利用为目标的发电形式，天然气多联供系统综合利用率一般在70%以上；③微电网内部电力电量能基本实现自平衡，与外部电网的电量交换一般不超过总电量的20%。综合以上特征，微电网的优点可概括为可减少大规模分布式电源接入对电网造成的冲击，可以为用户提供优质可靠的电力，能实现并网/离网模式的平滑切换。

微电网能够很好地协调大电网与分布式电源的技术矛盾，并具备一定的能量管理功能，但微电网以分布式电源就地利用为主要控制目标，受到地理区域的限制，对多区域、大规模分布式电源的有效利用及在电力市场中的规模化效益具有一定的局限性。

## 33　我国微电网的应用场景有哪些？

按照微电网的运行应用场景，我国将微电网主要分为城市片区微电网、农村微电网、企业微电网、海岛微电网等。

（1）城市片区微电网。城市片区微电网按居民小区、宾馆、医院、商场及办公楼等进行建设。该类微电网在并网运行时主要通过大电网供电，而大电网故障时则与之断开进入孤网运行模式，以保证重要负荷的供电可靠性和电能质量。此外，该类微电网多接在10kV中压配电网中，容量为数百千瓦至10MW等级。城市片区微电网将在我国经济较发达的城市首先发展，这些地区用电需求比较大，部分负荷对供电可靠性的要求也比较高，微电网可提高当地供电的服务质量。同时，该类地区负荷的日、季节性波动都比较大，微电网与大电网配合，能有效平滑负荷曲线。

（2）农村微电网。该类微电网并网时与外网功率交换很少，基本通过当地微电源供电，而微电网故障时可利用大电网作为启动备用电源。目前我国在农村地区及草原、山区等偏远地区电网薄弱。而微电网应用和地点具有灵活性，所以适用于以较低成本利用当地可再生能源为用户供电。该类微电网一般接在400V低压配电网中，容量在数千瓦至数百千瓦，多用于解决当地用户的用电需求。偏远地区的可再生能源丰富，可以充分利用当地的风能、太阳能、沼气进行发电。例如在风力资源丰富的"三北地区"建设风电基地；在西藏、青海、新疆等省（自治区）建设户用光伏发电系统，解决偏远地区供电问题，促进农村城镇化的进程。

（3）企业微电网。企业微电网一般接在10kV中压配电网甚至更高电压等级的配电网中，容量在数百千瓦至10MW，一般分布在城市的郊区，多利用传统电源满足企业内部的用电需求，常见于石化、钢铁等大型企业。微电网能满足该类企业对电力安全性和可靠性较高的需求，并充分利用回热，有效提高资源的利用效率，为企业降低成本、提高效益。

（4）海岛微电网。我国沿海拥有$500m^2$以上的岛屿6500多个，其中有人居住岛屿400多个，无电及淡水问题突出，清洁能源在海岛上的综合应用拥有广阔的前景。国内海岛微电网的建设集中在东南沿海地区，主要作用是解决岛民与驻军的生活用电及海水淡化问题，且微电源的主要形式以风、光、柴、储为主，具体结构则因地制宜，根据岛屿大小、距离大陆的远近以及岛上及周围电源分布情况而定，但大趋势依然是发展海上风电、海上清洁能源发电，并且海岛微电网大多属于离网型微电网，解决了海底电缆铺设、维护难和费用高的弊端。

## 34 简述微电网的典型运行模式。

微电网有两种典型的运行模式，并网运行模式和孤网运行（独立运行）模式。并网运行模式为正常情况下微电网与大电网相连，微电网与大电网进行电能的交换，微电网内的新能源系统可在并网运行时发电，储能系统也可在并网运行时进行充电和放电。孤岛运行模式，可划分为两种：一种是微网与大电网不直接相连，使微电网能够独立运行，如希腊岛的爱琴海风—光—柴—蓄微电网示范工程；另一种是当大电网发生故障时，微电网与主网的配电系统断开，由发电系统、储能系统和用电负荷构成独立的运行方式。

在并网运行方式下，根据电压等级及市场规则要求可直接以发电企业或电力用户的身份参与电力市场交易。作为一个市场实体，微电网代表新能源发电、微电网经营者、用户侧负荷等各方综合利益参与电力市场。在电量盈余时向市场售电获得收益，在电量不足时向市场买电满足负荷需求。

## 负 荷 类

**35** 简述新型电力系统中的负荷特征变化趋势及其对电网的影响。

新型电力系统负荷特征呈现如下变化趋势：

（1）负荷结构更加多元化。一方面，在"双碳"目标的驱动下，新型电力系统的负荷结构将更加多元化，"以电代油""以电代煤"等电能替代方式陆续落实。以新能源汽车、电采暖等为代表的电力产品将逐渐抢占传统高排放产品市场。根据中汽协统计显示，截至2021年12月底，我国新能源汽车保有量达到784万辆，预计未来5年新能源汽车产销增速将保持在40%以上。另一方面，中央财政对"煤改气""煤改电"等清洁取暖改造政策的扶持力度持续加大，促进了新能源的消纳，也使热负荷参与需求侧响应成为了可能。这些电能替代产品的强势发展势必影响未来电力系统负荷曲线。

（2）用户双向互动更加深入。目前，我国能源消费侧的用能效率和电能占比较低，用户与能源系统之间的互动不足。新型电力系统更加依赖出力随机性较强的清洁能源，发电侧灵活调节能力降低，需要大力发展储能，并深入挖掘用户侧调节潜力。随着电动汽车等新型负荷的不断涌现、用户侧分布式储能的推广应用、电力市场现货交易机制的不断完善，提升电网供需互动水平是实现新型电力系统高效运转的客观要求和必要基础。灵活深入的供需互动将改变新型电力系统的负荷形态：分布式储能的接入使用户从消费者转变为产消者，负荷更加广泛地参与电网双向能量互动。

（3）负荷特性更加复杂。高度电力电子化是新型电力系统的典型特征之一，不仅体现在发电侧电源动态特性的变化，还呈现出越来越复杂的电力电子化负荷特性。为满足用户对可靠、便捷、高效等方面的更高要求，用户侧与电网侧的交互将越来越多，用户接口处也越来越依赖辅助控制性能更高的电力电子设备，如电动汽车充电站、轨道交通牵引系统、写字楼变频制冷系统等。同样，为适应新型电力系统源—网—荷—储设备快速更新和即插即用的需求，未来配电网基础设施建设也更倾向于采用以电力电子技术为基础的综合解决方案，如直流配电网、微电网、云储能等。这些变化势必造成负荷侧逐渐走向高度电力电子化，使城市配电网的负荷特性更加复杂。

新型电力系统中的负荷特征变化对电网的影响：

（1）负荷建模更复杂。其主要表现在：①电动汽车等柔性负荷的接入带来了更大的负荷波动性、时变性和随机性，增大了负荷模型参数的选择难度；②配电网侧用户负荷具有时空分布零散、单体调节容量较小等固有特性，不利于大规模负荷的动态聚合；③传统负荷模型未考虑电力电子负荷的非线性特性，影响了电力系统电压、频率稳定分析结果的准确性。

（2）负荷预测更困难。随着未来电动汽车等新型负荷的大力推广和多元用户互动的不断深入，用户用电行为更加复杂，在环境、社会、经济等方面形成多维度的耦合关系，难以获得精确的用户侧用电负荷特性和分布规律。负荷预测难度增大，不同的负荷种类需要更加具有针对性和细化的负荷预测方法。

（3）超高次谐波注入。与常规负荷不同，电力电子负荷具有非线性阻抗特性，容易引起交流电网正弦波的畸变，影响用户侧的电能质量甚至电网侧的稳定运行。半导体技术是电力电子化的关键技术与实现基础，随着接入电网的半导体器件开关频率的提高，变换器注入电网的谐波向着高频化方向延伸，超高次谐波引起的电能质量问题将越来越多。

（4）宽频振荡问题。随着电力系统电力电子化程度的提升，电力电子设备引起的电磁振荡问题逐渐凸显。配电网中负荷的电力电子化使电力系统振荡频率范围变大，具有显著的宽频特征。宽频振荡是指由大量异构化电力电子设备引起的多时间尺度相互作用所引起，始于小信号负阻尼失稳，在较宽频率范围（几赫兹至数千赫兹）内的发散性持续振荡。

（5）配电网保护挑战。大规模双向能量互动将改变配电网的形态，由微电网、直流配电网等组成的柔性配电网将为配电网保护系统带来新的问题，主要表现在：①配电网负荷侧的潮流双向流动影响继电保护装置的灵敏性；②传统集中式保护架构不利于柔性配电网点多、面广的供需互动资源扩展；③复杂的潮流环境将使配电自动化系统更加依赖于通信网络的可靠性。

## 36  什么是有序用电？为什么要开展有序用电？

有序用电是指在电力供应不足、突发事件等情况下，通过行政措施、经济手段、技术方法，依法控制部分用电需求，维护供用电秩序平稳的管理工作。国家发展改革委负责全国有序用电管理工作，国务院其他有关部门在各自职责范围内负责相关工作。县级以上人民政府电力运行主管部门负责本行政区域内的有序用电管理工作，县级以上地方人民政府其他有关部门在各自职责范围内负责相关工作。电网企业是有序用电工作的重要实施主体；电力用户应支持配合实施有序用电。有序用电通过法律、行政、经济、技术等手段，加强用电管理，改变用户用电方式，采取错峰、避峰、轮休、让电、负控限电等一系列措施，避免无计划拉闸限电，规范用电秩序，将季节性、时段性电力供需矛盾给社会和企业带来的不利影响降至最低程度。其目标主要集中在电力和电量的改变上，一方面采取措施降低电网的峰荷时段的电力需求或增加电网的低谷时段的电力需求，以较少的新增装机容量达到系统的电力供需平衡；另一方面，采取措施节省或增加电力系统的发电量，在满足同样的能源服务的同时节约了社会总资源的耗费。从经济学的角度看，有序用电的目标就是将有限的电力资源最有效地加以利用，使社会效益最大化。在有序用电的规划实施过程中，不同地区的电网公司还有一些具体目标，如供电总成本最小、购电费用最小等。

## 37 什么是需求响应？为什么要开展需求响应？

结合国内外对电力需求响应的定义，可将电力需求响应（demand response，DR）理解为需求侧或终端消费者通过对基于市场的价格信号、激励，或者对来自系统运营者的直接指令产生响应，改变其短期电力消费方式（消费时间或消费水平）和长期电力消费模式的行为，能有效实现削峰填谷，缓解电力供需矛盾，增强电力应急调节能力等。

需求响应可以分为基于价格的需求响应和基于激励的需求响应。基于价格的需求响应主要包括分时电价、实时电价和尖峰电价；基于激励的需求响应主要包括直接负荷控制、可中断负荷、需求侧竞价、紧急需求响应、参与容量和辅助服务市场的需求响应等。

需求响应对促进可再生能源的消纳具有重要的作用。在系统短期运行层面，需求响应可以缓解由于风电、光伏等间歇性电源导致的供需不平衡问题，提高系统的短期可靠性和整体运行效率；在系统长期投资层面，需求响应可以降低电力系统在输配电网以及发电容量上的投资需求，缓解容量备用的压力，提高系统的长期可靠性和消纳可再生能源电力的能力。而相比传统发电侧机组，需求响应为系统提供调频、旋转备用等辅助服务使得可再生能源消纳在成本上更具优势。

此外，需求响应还具有以下意义。当电力供求矛盾突出时，电力需求响应通过"市场化手段＋智能技术＋互联网"在大系统范围内将电力供应与电力需求优化平衡，缓解电网运行压力、保障工业生产、优化能源配置；通过实施需求响应，实现移峰填谷，降低高峰时段的电力需求，提升电网运行的稳定性和效率；可以优化发电厂的运行方式，增强电网消纳更多间歇性分布式能源的能力；可以提高电网与电力用户的互动水平，为用户提供多样化的增值服务等。

---

## 38　什么是虚拟电厂？虚拟电厂如何参与电网调节？

虚拟电厂（virtual power plant，VPP）这一术语源于1977年Shimon Awerbuch博士在其著作《虚拟公共设施：新兴产业的描述、技术及竞争力》中对虚拟公共设施的定义：虚拟公共设施是独立且以市场为驱动的实体之间的一种灵活合作，这些实体不必拥有相应的资产而能够为消费者提供其所需要的高效电能服务。正如虚拟公共设施利用新兴技术提供以消费者为导向的电能服务一样，虚拟电厂并未改变每个分布式电源并网的方式，而是通过先进的控制、计量、通信等技术聚合分布式电源、储能系统、可控负荷、电动汽车等不同类型的分布式资源，并通过更高层面的软件构架实现多个分布式资源的协调优化运行，更有利于资源的合理优化配置及利用。

结合我国目前研究和实践，可以认为虚拟电厂是一种通过信息技术和软件系统，实现分布式电源、储能、可控负荷、电动汽车等多种分布式资源的聚合和协同优化，作为一个特殊的电厂参与电力市场和电网运行的协调管理系统。

虚拟电厂既可作为"正电厂"向系统供电调峰，又可作为"负电厂"加大负荷消纳，配合系统填谷；既可快速响应指令，配合保障系统稳定并获得经济补偿，也可等同于电厂参与容量、电量、辅助服务等各类电力市场获得经济收益。图2.6为虚拟电厂元素图。

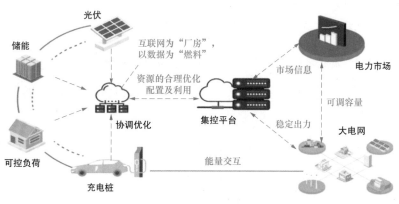

● 图2.6 虚拟电厂元素图

## 39　虚拟电厂与传统电厂有哪些区别？

虚拟电厂作为一类特殊的电厂参与电力系统的运行，具备传统电厂的功能，能够实现精准的自动响应，机组特性曲线也可模拟常规发电机组，但与传统电厂仍存在较大区别，归结为以下五点。

（1）形式不同。传统电厂指具有传统物理生产流程的集中式大型电厂。虚拟电厂不具有实体存在的电厂形式，相当于一个电力"智能管家"，由多种分布式能源聚合而成，等同于独立的"电厂"在运营。

（2）电能量流动方向不同。传统电厂能量流动是单向的，即电厂→输电网→配电网→用户。而虚拟电厂能量流动是双向的，也就是说虚拟电场市场主体可以与电力市场实现实时互动。

（3）负荷特征不同。传统电厂的负荷通常是静态可预测的，而虚拟电厂的负荷端是动态可调整的，在高峰时段可缓解尖峰负荷。

（4）生产与消费的关系不同。传统电厂的电力生产须遵循负荷端的波动变化，并通过调度集中统一调控。虚拟电厂参与主体的负荷端可根据电力生产相应调整。

（5）调度目标不同。传统电厂的分配比较单一，调度目标也是追求单一利益最大化。虚拟电厂内部涉及不同主体间的利益分配问题，需要在保障各主体利益的前提下追求整体利益最大化，调度目标也向利益均衡分配转变。

## 40　什么是V2G？电动汽车如何参与电网削峰填谷？

电动汽车V2G，指的是电动汽车给电网反向供电的技术，即vehicleto-grid（车辆到电网）的缩写。技术理念是在电动汽车处于停车状态时，将其动力电池作为分布式储能设备接入电网，用于电网调峰等场景，将电动汽车、智能充放电桩打造成友好互动、共享互利的泛在电力物联网端口，营造活跃、便捷、共享的电动汽车服务新生态。图2.7为V2G互动原理图。

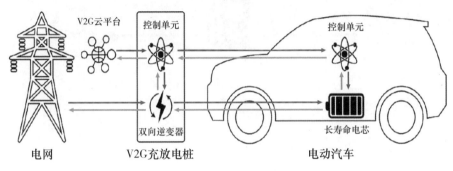

● 图2.7 V2G互动原理图

实现V2G功能需要V2G平台、V2G充放电桩、V2G车辆三大要素。其中，V2G平台是提供V2G业务信息交互的场所，具备接收信息、综合分析、下达指令的功能；V2G充放电桩具备与电网双向互动的能力，是电动汽车与电网之间电能循环的重要媒介；V2G车辆经过电池管理系统升级等软硬件改造，自身所装备的电池可以完成电网电能吸收和释放。

电动汽车参与电网削峰填谷需要解决车网互动的商业模式问题。一种可行的模式是：大厦物业提供充电服务，降低电费支出；电动汽车车主获得充电服务，获取节能服务分成；投资商投资建设V2G桩，获得运营服务收益；平台服务商搭建平台提供服务，获取收益分成。图2.8是V2G商业运营模式的示意图。

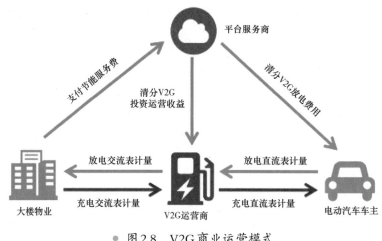

● 图 2.8　V2G 商业运营模式

41 　什么是电能替代？推进电能替代对新型电力系统有什么意义？

电能替代通常指在能源的终端消费环节，利用电能替代一次能源（燃煤、燃油、燃气等传统能源）的消费方式，比如分散式电采暖、电（蓄热）锅炉采暖、热泵、电蓄冷空调、工业窑炉、家庭电气化、电动汽车、轨道交通、靠港船舶岸电、农业电排灌、机场桥载设备替代飞机辅助动力装置（auxiliary power unit，APU）、自备电厂替代等方式，通过大规模集中转化来提高燃料使用效率、减少污染物排放，进而改良终端能源结构，促进绿色环保用能。

电能具有清洁、安全、便捷等优势，实施电能替代对于推动能源消费革命、落实国家能源战略、促进能源清洁化发展意义重大，具体为：

（1）实施电能替代可以有效促进能源节约。电能的终端利用效率在90%以上，其经济效率是石油的3.2倍，煤炭的17.27倍。目前我国电气化程度还不高，一次能源转换成电力的比例还不到25%，而工业化国家平均已超40%。电能占终端能源消费占比不高是导致我国能源利用效率较低的直接原因之一。我国亟需提高电能在终端能源消费的比重，把节能贯穿于经济社会发展全过程和各领域，高度重视城镇化节能，进一步提升能源效率。

（2）实施电能替代可以有效促进民生改善与经济增长。加快发展节能环保产业，对拉动投资和消费、形成新的经济增长点、推动产业升级和发展方式转变具有重要意义。

（3）实施电能替代可以有效保证能源安全。当前，我国能源生产和消费面临着十分严峻的挑战，能源需求压力巨大，能源供给制约较多，能源生产和消费对生态环境损害严重，地缘政治变局也影响我国能源安全。面对能源供需格局新变化、国际能源发展新趋势，保障国家能源安全，必须推动能源生产和消费革命。随着特高压电网快速发展，促进了我国大煤电、大水电、大核电、大型可再生能源发电基地集约化开发，为全面推进电能替代提供了坚实物质保障。随着在全国范围内优化配置电力资源逐步实现，立足国内供应、实施电能替代成为保障能源安全的重要渠道。

## 42　电能替代关键技术有哪些？

（1）"以电代煤"技术。

"以电代煤"是指应用电能直接替代燃煤的能源终端模式。煤炭燃烧产生大量的二氧化硫、氮氧化物、微小颗粒物，是我国大气污染物的重要成因。由于煤炭散烧比电厂等大型锅炉处理后排放出更多的污染物，因此发达国家都在优先发展清洁能源，提高煤炭利用集中度。在可靠性高、电能质量高的前提下，"以电代煤"具有其他热能设备无法比拟的安全、卫生、环保等优点。目前，我国"以电代煤"技术依然拥有巨大的发展空间，电热膜、电炊具、热泵等技术已经有了成功的市场应用。

1）电热膜。电热膜采暖属于分散式电采暖，该系统采用的是一种通电后能发热的半透明聚酯薄膜，由可导电的特制油墨、金属载流条经加工、热压，在绝缘聚酯薄膜间制成，具有单独的温控装置，工作时以电热膜为发热体，表面温度可达40~60℃，将热量以辐射的形式送入空间。其效果要优于传统的供暖方式，可对室内进行均匀升温，热效率可高达99%。

2）相变电热地板。相变电热地板又称相变储能电热地板，是一种新型的采暖方式，目前仍处于研究试验阶段。该项技术是利用相变材料把夜间的廉价电转变为热能储存起来，白天放出可向房间供暖。其运行费用要比无蓄热功能的电热供暖方式低，且可以缓解电网的峰谷差。

3）热泵。热泵是利用低温热源，回收其中的热量，再经过压缩机升温、升压后向建筑物进行供热。热泵一般可以"一机两用"，即夏季制冷，冬季供暖。按照低温热源的种类不同，可以分为污水源热泵、水源热泵、空气源热泵和土壤源热泵。热泵由于自身的热存储特性，也可以根据激励调节用电需求。

（2）"以电代油"技术。

"以电代油"是指应用电能直接替代如汽车、城市轨道交通、铁路等燃油能源的消费模式。交通运输业的油耗在全社会的油耗比重不断上升。公路、航空、水运等运输方式的能耗主要体现在油耗上，而油耗又以消耗汽油、柴油和煤油这三种成品油为主，这三种油耗累积占全社会油耗比重的70%以上。另外，交通业以石油为主的能耗结构日趋明显。而电能作为清洁能源,在我国交通运输能耗中所占的比例很低,在10%左右,且呈逐年下降的趋势。我国交通节能政策多年来调整的一大目标便是最大限度地降低油耗在整个交通运输业中的比重,提高电能消耗比重。"以电代油"的主要应用场景有城市轨道交通、电动汽车、港口岸电等,其中港口岸电是利用港口码头的岸电通过电缆对船上的电气设备进行供电,以保证船舶的照明、通信、通风、货船泵和其他关键设备的运行。

(3)"以电代气"技术。

"以电代气"是指以电能取代天然气、煤气、液化气等能源作为终端用户的动力或热源。我国目前天然气资源短缺,无法跟上当前的经济发展,对外依存度较高。而且,天然气作为不可再生能源的一种,终有枯竭的时候。电能能够很好地缓解当前我国天然气供需地域分布不均衡的问题。"以电代气"对促进能源消费模式的转变、提高城乡电气化水平具有重要意义,一方面可以减少气体污染物的排放,另一方面还能缓解气体能源供应紧缺的局面。其主要应用场景有电磁炉、电火锅、电采暖等。

表2.6为一些典型的电能替代技术。

▼ 表2.6　　　　　　　　　一些典型的电能替代技术

| 电能替代技术 | 能源耦合环节 | 替代对象 | 替代途径 |
|---|---|---|---|
| 蓄热电锅炉 | | 燃煤锅炉 | 以电代煤 |
| 电炊具 | | | |
| 分散式电采暖 | 电热耦合 | 燃气锅炉 | 以电代气 |
| 热泵 | | | |
| 电窑炉 | | 燃油窑炉 | 以电代油 |
| 电水泵 | 电负荷 | 油泵 | |
| 电动汽车 | 储能装置/电负荷 | 燃油汽车 | |

## 43 电能替代所涉及的领域有哪些？具体有哪些措施？

《关于推进电能替代的指导意见》（发改能源〔2016〕1054号）明确指出，要从居民采暖领域、生产制造领域、交通运输领域和电力供应与消费领域重点开展电能替代工作。《关于进一步推进电能替代的指导意见》（发改能源〔2022〕353号）将电能替代的主要对象明确为散烧煤用户，并提出持续提升重点领域电气化水平，包括工业领域电气化、交通领域电气化、建筑领域电气化和农业农村领域电气化。

（1）居民采暖领域。

1）在有采暖刚性需求的北方地区和有采暖需求的长江沿线地区，重点对燃气（热力）管网覆盖范围以外的学校、商场、办公楼等热负荷不连续的公共建筑，大力推广碳晶、石墨烯发热器件、发热电缆、电热膜等分散电采暖替代燃煤采暖。

2）在燃气（热力）管网无法达到的老旧城区、城乡结合部或生态要求较高区域的居民住宅，推广蓄热式电锅炉、热泵、分散电采暖。

3）在农村地区，以京津冀及周边地区为重点，逐步推进散煤清洁化替代工作，大力推广"以电代煤"。

4）在新能源富集地区，利用低谷富余电力，实施蓄能供暖。

（2）生产制造领域。

1）在生产工艺需要热水（蒸汽）的各类行业，逐步推进蓄热式与直热式工业电锅炉应用。重点在上海、江苏、浙江、福建等地区的服装纺织、木材加工、水产养殖与加工等行业，试点蓄热式工业电锅炉替代集中供热管网覆盖范围以外的燃煤锅炉。

2）在金属加工、铸造、陶瓷、岩棉、微晶玻璃等行业的有条件地区推广电窑炉。

3）在采矿、食品加工等企业生产过程中的物料运输环节，推广电驱动皮带传输。

4）在重庆、浙江、福建、安徽、湖南、海南等地区，推广电制茶、电烤烟、电烤槟榔等。

5）在黑龙江、吉林、山东、河南等农业大省，结合高标准农田建设和推广农业节水灌溉等工作，加快推进机井通电。

（3）交通运输领域。

1）支持电动汽车充换电基础设施建设，推动电动汽车普及应用。

2）在沿海、沿江、沿河港口码头，推广靠港船舶使用岸电和电驱动货物装卸。

3）支持空港陆电等新兴项目推广，应用桥载设备，推动机场运行车辆和装备"油改电"工程。

（4）电力供应与消费领域。

在可再生能源装机比重较大的电网，推广应用储能装置，提高系统调峰、调频能力，消纳更多可再生能源。在城市大型商场、办公楼、酒店、机场航站楼等建筑推广应用热泵、电蓄冷空调、蓄热电锅炉等，促进电力负荷移峰填谷，提高社会用能效率。

**44** 简述电能替代未来的发展趋势。

《关于进一步推进电能替代的指导意见》（发改能源〔2022〕353号）

明确"十四五"期间,进一步拓展电能替代的广度和深度,努力构建政策体系完善、标准体系完备、市场模式成熟、智能化水平高的电能替代发展新格局。到2025年,电能占终端能源消费比重达30%左右。

(1)大力推进工业领域电气化。服务国家产业结构调整和制造业转型升级,在钢铁、建材、有色、石化化工等重点行业及其他行业的铸造、加热、烘干、蒸汽供应等环节,加快淘汰不达标的燃煤锅炉和以煤、石油焦、渣油、重油等为燃料的工业窑炉,推广电炉钢、电锅炉、电窑炉、电加热等技术,开展高温热泵、大功率电热储能锅炉等电能替代,扩大电气化终端用能设备使用比例。加快工业绿色微电网建设,引导企业和园区加快厂房光伏、分布式风电、多元储能、热泵、余热余压利用、智慧能源管控等一体化系统开发运行,推进多能高效互补利用。推广电动皮带廊替代燃油车辆运输,减少物料转运环节大气污染物和二氧化碳排放。推广电钻井等电动装置,提升采掘业电气化水平。

(2)深入推进交通领域电气化。落实国家综合立体交通规划纲要,推动公路交通、水上交通电气化发展,助力构建绿色低碳的综合立体交通网。加快推进城市公共交通工具电气化,在城市公交、出租、环卫、邮政、物流配送等领域,优先使用新能源汽车。大气污染防治重点区域港口、机场新增和更换车辆设备,优先使用新能源车辆。大力推广家用电动汽车,加快电动汽车充电桩等基础设施建设。积极推进厂矿企业等单位内部作业车辆、机械的电气化更新改造。加大绿色船舶示范应用和推广力度,推进内河短途游船电动化,并配建充电设施;研究探索其他具备条件的内河船舶电动化更新改造的可行性。以长江流域、珠三角流域为重点,加快提升内河港口、船舶的岸电覆盖率和使用率,稳步协同推进沿海港口、船舶岸电使用。优化完善机场岸电设施，提高飞机辅助动力装置替代设备使用率，推动电动飞机创新应用。

（3）加快推进建筑领域电气化。持续推进清洁取暖，在现有集中供热管网难以覆盖的区域，推广电驱动热泵、蓄热式电锅炉、分散式电暖器等电采暖，同步推进炊事等居民生活领域"煤改电"，助力重点区域平原地区散煤清零。在市政供热管网末端试点电补热。鼓励有条件的地区推广冷热联供技术，采用电气化方式取暖和制冷。鼓励机关、学校、医院等公共机构建筑和办公楼、酒店、商业综合体等大型公共建筑围绕减碳提效，实施电气化改造。充分利用自有屋顶、场地等资源条件，不断扩大自发自用的新能源开发规模，提高终端用能中的绿色电力比重。

（4）积极推进农业农村领域电气化。落实乡村振兴战略，持续提升乡村电气化水平。推广普及农田机井电排灌、高效节能日光温室和集约化育苗，发展生态种植。在种植、粮食存储、农副产品加工等领域，推广电烘干、电加工，提高生产质效。在水果、蔬菜等鲜活农产品主产区和特色农产品优势区，发展田头预冷、贮藏保鲜、冷链物流。在畜牧、水产养殖业推进电能替代，提高养殖环境控制、精准饲喂等智能化水平。

（5）加强科技研发创新。重点推进电能替代相关新材料、新装备等基础技术研究，在关键技术、核心装备上取得突破。推动能源电子产业高质量发展，引导太阳能光伏、新型储能等产业创新升级，加强船用大功率、大容量电池组研发，加快行业特色应用。坚持标准先行，推进电能替代设备、接口、系统集成、运行监测、检验检测等标准体系建设，以及与其他行业标准体系、国际标准体系的衔接。推动产学研用深度融合，鼓励电能替代各类主体共同建设创新基地、联合实验室等合作平台。推动建设一批科技成果应用示范工程。

（6）着力提升电能替代用户灵活互动和新能源消纳能力。在实施电能替代过程中，加强电力系统与工业、交通、建筑、农业农村等领域的深度融合，推广应用多元储能技术，提升负荷侧用电智能化水平和灵活性，促进构建新型电力系统，推动新能源占比逐渐提高。推进"电能替代+数字化"发展，充分利用云计算、大数据、物联网、移动互联网、人工智能等先进信息通信控制技术，为实现电能替代设施智能控制、灵活参与电力系统互动提供技术支撑。推进"电能替代+综合能源服务"，鼓励综合能源服务公司搭建数字化、智能化信息服务平台，推广建筑综合能量管理和工业系统能源综合服务。鼓励电动汽车V2G、大数据中心、5G数据通信基站等利用虚拟电厂参与系统互动。大力培育负荷聚合商，整合分散用户响应资源，释放居民、商业和一般工业负荷的用电弹性，促进用户积极主动参与需求侧响应，消费风电、光伏等绿色电力。

当前电能替代技术有以下三个劣势：

（1）电能替代项目的实施伴随着配电网建设改造，电能替代技术的综合经济优势不明显。

（2）规模化电能替代负荷的接入对配电网的供电能力要求大幅提升，现有电力调度裕度有限，电网运行压力过大。

（3）电能替代战略涉及新的控制管理技术，现有支撑技术不够完善，使得部分电能替代项目的推行缺乏可操作性。

而能源互联网的框架打破了供电、供气、供热/冷独立规划和运行的格局，能够有效帮助解决这些问题。未来，电能替代的发展可以结合能源互联网的建设，冲破障碍走上快车道。

## 45　什么是综合能源服务？为什么要开展综合能源服务？

综合能源服务实际上包含**两层含义**，即**综合能源供应和综合能源服务**。综合能源服务可以定义为一种新型的为满足终端客户多元化能源生产与消费的能源服务方式，涵盖能源规划设计、工程投资建设、多能源运营服务以及投融资服务等方面。对售电企业来说就是由单一售电模式转化为电、气、冷、热等多元化能源供应和多样化服务模式。由于综合能源服务符合世界各国对能源高效利用，以及安全、环保、可持续等方面的要求，迅速成为战略竞争和合作焦点，传统能源企业、能源服务商都在积极策划拓展综合能源服务市场。

当前，我国正处于能源转型的关键时期，企业能源利用效率低、能源成本高等问题十分突出。综合能源服务可以提高能效、降低投资运营成本，有利于推进能源供给侧改革，带动和提升能源相关产业的国际竞争力。在我国，制造业占能源消费量55%，能源成本是仅次于人工、原材料外的最大成本。传统的能源供应系统相对独立，电力企业、热力公司、燃气公司等能源供应商各自为战，使得规划、建设和运营等缺乏统一协调和优化。采取综合能源服务的方式能有效缩短能源链、降低用能和服务成本，更能提升企业和行业的国际竞争力，具有重要的社会意义。

## 46　综合能源服务的目标客户和主要业务类型有哪些？

综合能源服务的目标客户按照能源领域和能源需求的不同可分为大型公共建筑、工业企业和园区等。大型公共建筑主要包括商业综合体、酒店、医院、高校、交通枢纽、数据中心等优质客户，其在综合能效和多能服务上都有巨大的需求。部分公共建筑对分布式供能、分布式储能也有潜在需求。工业企业目标客户主要为用能规模大、能耗强度高的工业企业，如钢铁、冶金、采矿、造纸、水泥、陶瓷、石油、化工等行业中的高耗能企业，其对综合能效的提升、多种能源的供应、分布式能源的建设和数字化能效平台的建立等都存在极大的需求。在园区方面，各类园区往往聚集了地方大型工业用户，整体用能水平非常可观。各自孤立、分散的用能模式会增加园区客户的能源初始投资压力和运营维护成本。因此，需要优化布局，建设一体化冷热供应基础设施，实施多能协同供应和能源综合梯级利用，提高能源使用效率。

按照服务类型划分，综合能源服务大致可以分为三类：能源建设服务、能源消费服务以及能源增值服务。

（1）能源建设服务：包括能源咨询，为客户提供冷、热、气、电综合用能规划、咨询服务；能源供应，为客户建设能源站，提供冷、热、气、电等能源，收取能源费用；能源接入，在已有能源站的基础上，为附近客户提供能源接入服务，收取一次性接入费用和后续能源费用。

（2）能源消费服务：包括节能咨询服务，为客户提供冷、热、气、电综合用能的节能、审核、咨询等服务；运维服务，为客户提供能源设备运维服务，重点开展电气设备代维服务，开展客户变电站巡检、集中监控、预防性试验、不间断抢修、智慧用能等服务；能源托管，对客户现有用能情况进行评估，通过技术改造，向客户承诺节能量，负责全方位运维服务；能效检测和能源管控，利用服务平台的大数据分析，为客户用能设备进行能效诊断及分析，协助客户优化生产工艺流程和用能方式，降低用能成本。

（3）能源增值服务：包括销售服务，为客户提供高端的用电设备和节能产品；售电服务，为客户提供低价电能，降低用能成本；设备租赁服务，为客户提供变压器、移动储能设备等租赁服务，满足客户的多元化用能要求。

## 47　简述电网企业开展综合能源服务的优势和劣势。

电网企业开展综合能源服务具有两个较大的优势：平台优势和品牌优势。论平台，电网企业可利用自身大数据和全网全系统分析调控的能力，有效建立如能效审计、节能运营改造技术和执行、公共服务互动、多能监控、清洁能源交易和综合能源服务云等一连串的新服务体系。论品牌，电网企业可整合庞大的电网资产和雄厚的技术、人才、客户资源优势，做强、做优、做大综合能源服务业务，利用节能改造、新能源开发等方式，优化企业的客户服务理念，丰富消费者的选择。具体体现在以下五个方面。

（1）在基础设施方面，电网是覆盖范围最广、投资规模和用户最多的能源网络，以电网为基础、电力为中心拓展能源服务业务，这也是最为经济、有效的一种方式。电网企业掌握大量输电和配电网络资产，以此为基础建设综合供能系统、开展综合能源服务，可有效利用现有资产，降低用户用能成本。

（2）在基础能力方面，电网企业在规划设计、调度运行、能量管理、智慧用电等各应用领域都形成了非常完备的软件产品，并针对企业、用户开展了一站式服务、运行监控、金融服务等多样化的增值服务。

（3）在技术和人才方面，电网企业拥有专业化服务队伍，可为客户提供全业务、全天候、专业化、多元化的服务。此外，还拥有庞大的专业运维队伍，能为客户提供一对一的上门运维服务。

（4）在品牌和用户方面，综合能源服务是以用户为中心的一系列服务，用户群体至关重要。电网企业供电人口规模大、品牌价值高、用户群体黏度高、品牌依存度强。电网企业长期经营配电网，与用户紧密相连，是连接千家万户的电力门户，同时也拥有庞大的用户数据资产，涵盖电源侧、电网侧、用户侧全环节，是电网企业开展综合能源服务的独特优势。

（5）在实践经验方面，部分电网企业基层单位已主动开展综合能源服务业务，为电网企业开展综合能源服务奠定了基础。

然而，电网企业在开展综合能源服务业务时也存在一些劣势，主要体现在市场灵活性、商业模式的创新性等方面。

（1）在市场灵活性方面，电网企业一般都是大型央企，公司采取自上而下的统一管理模式，人、财、物高度集中，管控能力强，但具体到省公司、地市公司层级则缺乏足够的市场灵活性。如价格机制不灵活，难以像一些小型配、售电公司那样根据需要与用户签订差异化、定制化的服务合同。

（2）在商业模式创新方面，商业模式相对单一，需要探索新型业务模式，拓展多元化综合能源服务业务，更好地利用软、硬件设施和平台，提升综合能源服务水平。以平台服务为例，未来应面向供应商、金融机构、用户等市场主体提供多元化、定制化服务，例如综合能源交易与结算、碳交易、投融资、产品线上销售等平台服务，并进一步拓展基于平台数据价值挖掘的增值服务，提升数据分析能力和客户经营决策支撑能力等。

电网企业应明确自身优势和劣势，根据优势构建核心竞争业务，由点及面逐步开展综合能源服务的各项业务。

## 48 什么是热泵？热泵的主要类型有哪些？适用于哪些场合？

热泵是一种以逆循环的方式，通过外力（如电力）做功，将低温热源中的热能转移到高温热源中的机械装置。它仅消耗少量的逆循环净功就能从空气、地球表面浅层水源、地下水、土壤等低位热源中获取热量，向人们提供大量可被利用的高品质热能。热泵技术的理论基础为1824年法国科学家卡诺提出的"卡诺循环"。1852年开尔文提出了将"逆卡诺循环"应用于热泵的设想。1912年，第一台热泵在瑞士苏黎世诞生，它是以河水作为低位能源，并应用于供暖。20世纪70年代以来，各种热泵新技术层出不穷。进入21世纪之后，随着能源危机的出现，热泵技术以其高效回收、节能环保的特点，成为当前最有价值的新能源技术之一。热泵面向的采暖负荷具有一定柔性调节能力，可以根据激励调节用电需求，且随着配电网智能化水平逐步提升，还可以参与系统的运行调控。

按照热泵机组驱动方式的不同，热泵分为电驱动热泵、燃气驱动式热泵和吸收式热泵。按照热源种类可分为空气源热泵、水源热泵和地源热泵等。吸收式热泵也可分为两类：①增热式热泵，是利用少量高温热源驱动产生大量中温有效热源；②升温式热泵，是利用大量中温热源产生少量高温热源。水源热泵可细化分为地表水源热泵和地下水源热泵。地表水源热泵又可以分为地表径流（江河湖海）水源热泵、海水源热泵和污水源热泵。地下水源热泵抽取温度稳定的地下水，抽取冷量/热量后需要进行回灌以维持地下水资源的平衡。

空气源热泵适用于南方地区。北方地区温度较低，运行效果受温度变化影响大，在极端低温情况下常常会出现结霜，难以正常工作。我国南方地区冬季没有集中供暖，有较大的利用空间，且室外气温较为稳定，少有零度以下极端天气，因此，空气源热泵适合在南方运行，在预热时间和主机效率方面都会优于北方地区。污水源热泵适用于工业废水余热回收，污水源温度稳定且温度较高，热泵工作效率高。地源热泵受地区限制较大，适合安装在地热资源丰富的地区，如陕西西安。由于地源热泵需挖设地源井，前期投入较高，一般适用于公共建筑供暖或居民楼集中供暖。出于对地下水和土壤热量平衡的考虑，地源热泵冬季供暖和夏季供冷量应该相同。吸收式热泵适用于工业生产中进行余热回收。

## 49　什么是冷热电三联供系统？主要工作原理是什么？

冷热电三联供是以天然气作为主要燃料，通过对其做功发电后，产生热水和高温废气并加以利用，以达到同时满足服务对象在相同时空条件下冷、热、电需求的能源供应系统。冷热电三联供系统的关键设备包括发电设备（燃气轮机发电机组、燃气内燃机发电机组等）、余热回收设备（换热器、余热锅炉）、溴化锂吸收式制冷机、辅助制冷制热设备（燃气热水锅炉、电制冷机组、太阳能热水系统等）。

冷热电三联供系统的主要工作原理是天然气进入发电机组进行发电，

产生的烟气和缸套冷却水通过热交换、热回收及制冷设备提供热量和冷量。关键设备的工作原理如下。

（1）燃气轮机发电机组：压气机（即压缩机）连续地从大气中吸入空气并将其压缩；压缩后的空气进入燃烧室，与喷入的燃料混合后燃烧，成为高温燃气，随即流入燃气涡轮中膨胀做功，推动涡轮叶轮带着压气机叶轮一起旋转；加热后的高温燃气的做功能力显著提高，因而燃气涡轮在带动压气机的同时，尚有余功作为燃气轮机的输出机械功发电。

（2）燃气内燃机发电机组：燃气发电机的发动机与发电机同轴连接，并置于整机底盘上。四冲程原动机采用天然气、煤层天然气或沼气等以甲烷为主的气体作为燃料，燃料气体与空气混合后进入缸体，压缩后经高压电火花塞点火爆炸做功，活塞带动曲轴运动，曲轴与发电机相连、带动发电机发电。

（3）换热器：是一种在不同温度的两种或两种以上流体间实现物料之间热量传递的节能设备，热量由温度较高的流体传递给温度较低的流体，使流体温度达到流程规定的指标，以满足工艺条件的需要。

（4）余热锅炉：指利用各种工业过程中的废气、废料或废液中的余热及其可燃物质燃烧后产生的热量把水加热到一定温度的锅炉。余热锅炉通过余热回收可以生产热水或蒸汽来供给其他工段使用。余热锅炉通常没有燃烧器，如果需要高压高温蒸汽可另行配置附加燃烧器。

（5）溴化锂吸收式制冷机：主要由发生器、冷凝器、蒸发器、吸收器、换热器、循环泵等部分组成。在溴化锂吸收式制冷机运行过程中，当溴化锂水溶液在发生器内受到热媒水的加热后，溶液中的水不断汽化；随着水的不断汽化，发生器内的溴化锂水溶液浓度不断升高，进入吸收器；

水蒸气进入冷凝器，被冷凝器内的冷却水降温后凝结，成为高压低温的液态水；当冷凝器内的水通过节流阀进入蒸发器时，急速膨胀而汽化，并在汽化过程中大量吸收发蒸发器内冷媒水的热量，从而达到降温制冷的目的；在此过程中，低温水蒸气进入吸收器，被吸收器内的溴化锂水溶液吸收，溶液浓度逐步降低，再由循环泵送回发生器，完成整个循环。

（6）燃气热水锅炉：是以天然气作为燃料的锅炉，输出具有一定热能的蒸汽、高温水或有机热载体。分"锅"和"炉"两部分；"锅"是容纳水和蒸汽的受压部件，对水进行加热、汽化和汽水分离，"炉"是进行燃料燃烧或其他热能放热的场所，有燃烧设备和燃烧室炉膛及放热烟道等。

（7）电制冷机组：属于蒸汽压缩制冷系统，主要由压缩机、冷凝器、节流和蒸发器四个基本部件组成，各部件之间用管道依次连接，形成一个封闭的系统。制冷剂在系统中不断循环流动，在各过程中发生状态变化，与外界进行热量交换。一个制冷循环有蒸发、压缩、冷凝、节流四个基本过程。

## 50　什么是智慧楼宇？有哪些关键特征？

智慧楼宇是以建筑物为平台，以通信技术为核心，利用系统集成的方法，将计算机技术、网络技术、自控技术、软件工程技术和建筑艺术设计有机地结合起来，打通各个孤立系统间的信息壁垒，使楼宇成为一个信息互通的智能主体，实现对楼宇的智能管理及其信息资源的有效利用。所谓智慧，是指通过软硬件的结合实现各个系统、网络的真正融合，例如，通过电子配线架将布线连接信息和其他管理系统数据进行融合，实现不同系统间的数据自由流动和共享。

智慧楼宇的主要特点有：

（1）智能化，融合人工智能等数字化技术，使建筑、电梯、照明等设备设施更加智能化。

（2）信息化，完全呈现物联网的整体架构，充分发挥物联网开放性的基本特点，最上层以云计算技术实现整体的管理和控制，提供全方位的信息交换功能，帮助楼宇内单位与外部保持信息交流畅通。

（3）可视化，将各类网络传感器，包括楼控系统中的所有传感器、摄像头、智能水电气表、消防探头等全部以网络化结构形式组成建筑"智慧化"大控制系统的传感网络，而后将其不可见状态通过数据可视化的形式清晰明了地呈现给用户，让用户对楼宇内状态有更加直观的感受。

（4）人性化，保证人的主观能动性，重视人与环境的协调，使用户能随时、随地、随心地控制楼宇内的生活和工作环境。

（5）简易化，工程建设更加简易，功能更加强大和细致，同时通过统一的标准架构，实现不同公司各种产品的互联互通。

（6）节能化，通过收集、整理、挖掘运行数据，结合云计算、云存储等新技术，应用大数据分析，根据不同能源用途和用能区域进行分时段计量和分项计量，分别计算电、水、油、气等能源的使用，并且对能耗进行预测，了解不同的能源使用情况和用户对能源的需求，及时对能源进行有效分配，实现对能源的高效管理。

（7）高度集成化，应用物联网技术将智能建筑中照明、暖通、安防、通信网络等子系统集成到同一平台，进行统一管理监控，实现相互间的数据分享。

# 储能类

51 新型电力系统中储能有哪些应用场景，分别发挥什么样的作用？

新型电力系统将依托抽蓄、化学储能、光热储热、氢储能、压缩空气储能等多元储能技术体系，以电网为纽带，将独立分散的电网侧、电源侧、用户侧储能资源进行全网的优化配置，推动源－网－荷各环节储能能力全面释放，构建多元、融合、开放、共享的储能体系。根据电力系统对储能的需求，储能技术的应用场景涉及电源侧（集中式可再生能源并网、火电厂辅助 AGC 调频）、电网侧（电网输配及辅助服务）、用户侧（家庭、工业园区）以及分布式微网。

（1）用在大规模可再生能源发电中，发挥如下作用：

1）平滑风电、光伏等间歇式波动电源的功率输出，降低间歇电源出力波动对电能质量的影响；

2）跟踪计划发电，使间歇式电源发电厂可以作为系统中的可调度电源；

3）在间歇式电源发电输出功率受限条件下吸收多余风电或光伏，减少弃风、弃光，提高间歇式电源利用小时数；

4）为可再生能源发电机组提供暂态功率支持，提高其故障穿越能力。

（2）用在配网分布式电源发电中，发挥如下作用：

1）抑制分布式电源的功率波动，减少分布式电源对用户电能质量的影响；

2）为直流配电网及直流用电设备的应用提供支持；

3）增强配电网潮流、电压控制及自恢复能力，促进配电网对分布式发电的接纳；

4）提供时空功率和能量调节能力，提高配电设施利用效率，优化资源配置。

（3）用在微电网的运行管理中，发挥如下作用：

1）实现微电网与电网联络线功率控制，满足电网的管理要求；

2）作为主电源，维持微电网离网运行时电压和频率的稳定；

3）为微电网提供快速的功率支持，实现微电网并网和离网运行模式的灵活切换；

4）参与微电网能量优化管理，兼顾不同类型分布式电源及负荷的输出特性，实现微电网经济高效运行。

（4）用在支撑优质安全供电中，发挥如下作用：

1）实现高效的有功功率调节和无功控制，快速平衡系统中由于各种原因产生的不平衡功率，消除电压凹陷和凸起；

2）平稳负荷的母线电压，保证用户电压波形的平滑性；

3）作为备用和应急电源，提高供电可靠性，减小以至避免停电损失。

（5）在系统功能替代方面，发挥如下作用：

1）当发生线路阻塞时，储存无法输送的电能，待线路负荷小于线路容量时，再向线路放电，缓解输配电线路阻塞；

2）支撑尖峰负荷，提高电网的输配电能力，有效延缓输配电网扩容投资，缓解电网建设压力。

## 52　储能技术有哪些分类？

根据不同能量转换方式，储能技术可分为物理、电化学、热能储能和化学储能四种类型，其中物理储能按储存介质又可分为机械储能和电磁储能，具体如表2.7所示。

▼ 表2.7　　　　　　　　　　储能技术分类

| 物理储能 | | 电化学储能 | 热能储能 | 化学储能 |
|---|---|---|---|---|
| 机械储能 | 电磁储能 | | | |
| 抽水蓄能<br>压缩空气储能<br>飞轮储能 | 超导电磁储能<br>超级电容器 | 锂离子电池<br>铅酸电池<br>液流电池<br>钠硫电池<br>其他 | 化学储热<br>显热储热<br>潜热储热 | 电制氢<br>电制天然气 |

根据作用时间的不同，可以将储能划分为三类：分钟级以下、分钟至小时级、小时级以上储能。此种储能类型划分，有助于推进以市场应用为导向的技术开发思路，使不同储能技术在各自适用的场景中发挥独特的性能优势。

分钟级以下储能包括超级电容储能、飞轮储能、超导磁储能等，能够提供短时间的能量支持，并根据系统的变化做出自动、快速的响应，具有较大功率的充放电能力，可以用于提高系统的功角稳定性、支持风电机组低电压穿越、补偿电压跌落等。

分钟至小时级储能主要是电化学储能，具有数分钟甚至小时级的持续充放电能力，并可较频繁地转换充放电状态，可以用于平滑可再生能源发电波动、跟踪计划出力、二次频率调节等。

小时级以上储能包括抽水蓄能、压缩空气储能、熔融盐蓄热储能、氢储能等，以数小时、日或更长时间为动作周期，具有大规模的能量吞吐能力，可以用于削峰填谷、负荷调整、减少弃风等。

## 53 电化学储能技术有什么特点？

电化学储能主要通过电池内部不同材料间的可逆电化学反应实现电能与化学能的相互转化，通过电池完成能量储存、释放与管理。常见的电化学储能技术主要有铅酸电池、锂离子电池、液流电池、钠硫电池等类型。各种不同的电化学储能技术有各自的优缺点。

铅酸电池发展时间长，技术比较成熟，可以大规模生产，原材料丰富，成本较低，使用安全。不足之处是电池中使用的铅是重金属，对环境有污染；电池寿命短，能量密度低。

锂离子电池放电电压稳定，能量密度大，寿命长，自放电率低，无记忆效应。不含有毒的重金属，对环境无污染。不足之处是成本较高，运行温度较高，大容量集成的技术难度大。

液流电池污染小，寿命长，能量效率高，蓄电容量大，可实现快速充放电，适用于规模化储能。不足之处是成本相对较高。

钠硫电池比能量高，可大电流、高功率放电，便于模块化制造、运输和安装，建设周期短，可根据用途和建设规模分期安装。不足之处是其工作温度为300~350℃，需要采取一定的加热保温措施，过充时很危险。

## 54　物理储能技术有什么特点？

常见的物理储能技术主要有抽水蓄能、压缩空气储能、飞轮储能、超导电磁储能和超级电容器等类型。

抽水蓄能技术以水为媒介进行能量的储存和转换，通过将水抽往较高的位置实现将电能转换为水的势能并储存起来，在需要电能时则将水从高的位置放下来推动机组发出电能，完成将水的势能转换为电能。抽水蓄能电站具有技术成熟、效率高、容量大、储能周期不受限制等优点，但需要合适的地理条件建造水库和水坝，建设周期长、初期投资巨大。

压缩空气储能是一种能够实现大容量和长时间电能存储的电力储能系统，它通过压缩空气储存多余的电能，用于有效解决大规模储能问题，建造与运行成本较低。在需要时，将高压空气释放通过膨胀机做功发电，通常将空气高压密封在报废矿井、沉降的海底储气罐、山洞、盐穴、过期油气井或新建储气井中以降低成本。依据系统循环运行时储气室内空气是否需借助燃料燃烧做功，还可以将压缩空气储能装置分为补燃式和非补燃式。压缩空气储能系统具有容量大、工作时间长、经济性能好、循环寿命长等优点，但存在依赖化石能源、依赖大型储气室和效率偏低等挑战。

飞轮储能利用电动机带动飞轮高速旋转，将电能转化为机械能存储起来，在需要时飞轮带动发电机发电，其特点是寿命长、无污染、维护量小、可提供转动惯量，但能量密度较低，在保证系统安全性和飞轮低损耗方面的费用巨大。

超导电磁储能利用超导体制成线圈储存磁场能量，功率输送时无需能源形式的转换，具有响应速度快、转换效率高、比容量、比功率大等优点，但其成本高，而且需要压缩机和泵以维持液化冷却剂的低温，系统复杂，需要定期维护。

超级电容器利用活性炭多孔电极和电解质组成的双电层结构获得超大电容量，其极板为活性炭材料，充放电时不进行化学反应，只有电荷的吸附与解吸附，具有极大的有效表面积，功率密度高，循环寿命长，充放电效率高，具有无爆炸、无燃烧的极高安全性和可靠性。

## 55 热能储能技术有什么特点?

热能储能主要是将热能储存在隔热容器的媒介中，需要的时候转化回电能，也可直接利用而不再转化回电能。常见的热能储能技术主要有化学储热、显热储热、潜热储热等类型。其中，显热存储是当前应用最为广泛成熟的大规模储热技术，潜热储热与热化学存储当前仍处于研究阶段，二者能量密度高，应用前景广阔，其中热化学存储可以实现季节性长期存储和长距离运输，并提升热能品位。

热能储能储存的热量大，可应用在可再生能源发电储能场景中。不足之处是需要各种高温化学热工质，热能容易耗散，不宜远距离传输，储热工程应用大多限制于楼宇/园区范围，使用场合受限。

典型储热技术及其经济参数如表2.8所示。

▼ 表2.8 典型储热技术及其经济参数

| 热储能类别 | 存储方式 | 能量密度（kWh/m³） | 单位成本（元/kWh） |
|---|---|---|---|
| 显热储热 | 水 | 30～60 | 20～60 |
| | 土壤/鹅卵石 | 15～40 | |
| 潜热储热 | 有机物、熔融盐、合金等 | 100 | 100～800 |
| 化学储热 | 化学反应 | 500 | 200～1000 |

## 56 化学储能技术有什么特点？

化学储能主要使用氢或合成天然气作为二次能源的载体，利用多余的电制氢，可以直接用氢作为能量的载体，也可以将其与二氧化碳反应成为合成天然气（甲烷），氢或者合成天然气除了可用于发电外，还可用于交通等领域。不足之处是能量转换效率较低，制氢效率仅40%左右，合成天然气的效率不到35%。

## 57 简述锂电储能系统关键技术。

锂离子电池是电化学储能中最主要的一种，数据显示2020年锂离子电池在我国占比达到88.8%。不同种类的锂离子电池在不同的终端用户场景中应用有所不同，例如在我国电力系统中储能锂电池以磷酸铁锂电池为主，占比高达95.5%，在全球家用储能产品中，磷酸铁锂电池占比41%，而镍钴锰三元锂电池占比55%。

相比于常见的动力电池功率多在100kW上下，电网侧应用的储能电站功率规模基本都在兆瓦级别以上甚至高达百兆瓦级别，因此对电池的安全性、功率、循环寿命、成本要求更高。大规模储能电池体系的直流母线电压通常为300~900V，通常将单体电池先制作成标准的电池模块，然后多个模块串联扩展至所需的额定电压。为了确保锂离子储能系统的高效、安全应用，必须对系统的各个组成部分进行集成和优化，并加以合理有效地管理和控制。通过对电池管理及系统集成关键技术的研发，可以提高电池体系的安全性、可靠性及使用寿命，关键技术包括：①先进的电池管理技术；②温度监控及管理技术；③电池健康状态（state of health，SOH）监测技术；④系统集成技术。

（1）采用先进的电池管理技术，实现电池系统的高效运行。开发标准模块化电池管理系统，底层电池管理单元（battery management unit，BMU）监控串联电芯的电压、温度、内阻等信号，并实现电池模块内电芯的状态监控、数据采集、均衡控制、荷电状态（state of charge，SOC）估算、SOH估算和热管理控制。通过滤波电路和软件算法等，提高采集及估算精度。上层集中管理单元（cell monitor unit，CMU）集中处理每个BMU上传的电池状态信息，实现与上位机的通信功能。采用相应的抗干扰技术和CAN总线通信，提高系统的抗干扰能力。

（2）对电池体系的温度进行管理，保障储电系统的安全运行。通过结构优化设计和有效的运行管理，保证整个系统的安全、稳定、高效和长寿命运行。在结构上，根据单体电池的热特性进行散热结构最优设计，开展流场和温度场仿真计算，获得最佳散热结构。在此结构下，采取强制对流换热方式，每个单体电池均与冷却空气接触，从而每个单体电池产生的热量都能迅速散发，使每个电池均能在最佳工作温度范围内且温度场均匀。在系统运行过程中，实时监控每个电池的温度，准确地对电池的运行状况和散热效果做出判断和分析，在特定电池出现故障时及时更换。

（3）具有SOH检测功能，实现电池失效预警提醒。采用交流法检测电池内阻，对电池注入一个幅值稳定的低频交流电流信号，测量电池低频电压、低频电流，计算电池内阻，为电池SOC估算和电池SOH监测提供准确数据，为预警提供决策依据。

（4）采用功能完善的系统监控平台管理软件，实现储能系统的稳定运行。监控平台集成系统参数设置、电池状态数据显示、失效预警显示、历史数据查询等功能，综合处理串联电池组中电池单体的状态信息、BMU和CMU的控制信息、电池组与外围设备的状态和控制信息等。监控平台具有失效预警功能，根据SOC衰减速率、内阻变化速率等指标与SOH的关系，为电池性能的预警监控提供决策依据，当某个电芯性能逐渐失效，监控平台会发出预警信号，提醒用户需要更换的电池的序号和位置。

## 58 抽水蓄能电站有哪些分类，各有什么原理？

抽水蓄能电站既可以根据利用水量分类，也可以根据水库调节周期分类。

根据利用水量，抽水蓄能电站可分为纯抽水蓄能电站和混合式抽水蓄能电站两大类。

（1）纯抽水蓄能电站，利用一定的水量在上、下水库之间循环进行抽水和发电，其上水库没有水源或天然水流量很小，需将水由下水库抽到上水库储存，因而抽水和发电的水量基本相等。流量和历时按电力系统调峰填谷的需要来确定。纯抽水蓄能电站，仅用于调峰、调频，一般没有综合利用的要求，故不能作为独立电源存在，必须与电力系统中承担基本负荷的火电厂、核电厂等电厂协调运行。

（2）混合式抽水蓄能电站，修建在河道上，上库有天然来水，电站内装有抽水蓄能机组和普通的水轮发电机组，既可进行能量转换又能进行径流发电，可以调节发电和抽水的比例以增加峰荷的发电量。

根据水库调节周期，抽水蓄能电站可以分为日调节抽水蓄能电站、周调节抽水蓄能电站和季调节抽水蓄能电站。

日调节抽水蓄能电站的运行周期呈日循环规律，蓄能机组每天顶一次（晚间）或两次（白天和晚上）尖峰负荷，晚峰过后上水库放空、下水库蓄满，然后利用午夜负荷低谷时系统的多余电能抽水，至次日清晨上水库蓄满、下水库被抽空。纯抽水蓄能电站大多为日调节蓄能电站。

周调节抽水蓄能电站的运行周期呈周循环规律，在一周的5个工作日中，蓄能机组如同日调节蓄能电站一样工作。但每天的发电用水量大于蓄水量，在工作日结束时上水库放空，然后在双休日期间由于系统负荷降低，利用多余电能进行大量蓄水，至周一早上上水库蓄满。

季调节抽水蓄能电站则是每年汛期利用水电站的季节性电能作为抽水能源，将水电站必须溢弃的多余水量抽到上水库蓄存起来，并在枯水季内放水发电，以增补天然径流的不足。通过这样将原来是汛期的季节性电能转化成枯水期的保证电能，这类电站绝大多数为混合式抽水蓄能电站。

59  简述水/冰蓄冷系统关键技术。

蓄冷技术是利用物质的显热或者潜热特性储存冷量，在需要的时候将冷量释放出去供需求方使用的一种技术。按照蓄冷技术原理的不同主要分为水蓄冷技术、冰蓄冷技术、共晶盐蓄冷技术和气体水合物蓄冷技术四大类。

（1）水蓄冷技术。水蓄冷技术是利用电网峰谷电价的价格差异，利用夜间的低价电力通过冷水机组在水池内蓄冷，然后在白天电价高峰时段将储存的冷量释放到空调系统中。此技术路线的优势是可以充分利用原有的蓄水设施、消防水池等，降低项目建设成本，同时可以实现储热和蓄冷双重用途。

（2）冰蓄冷技术。冰蓄冷是将水制成冰储存冷量，它是潜热蓄冷的一种方式，采用压缩式制冷机组，利用夜间用电低谷负荷进行制冰，并储存在蓄冰装置中，白天将冰融化释放储存的冷量，来减少空调系统的装机容量和电网高峰时段空调用电负荷。

（3）共晶盐蓄冷技术。共晶盐蓄冷技术利用固—液相变特性进行蓄冷，适用于传统空调和旧建筑空调系统的改造。与冰蓄冷系统相比，主机效率更高，蓄冷容量更大；缺点是蓄冷密度小，不到冰蓄冷的一半，热交换性能差，设备投资高，因此目前难以大范围推广。

（4）气体水合物蓄冷技术。气体水合物是在低温高压下由气体小分子和水分子形成的一种非化学计量的笼状晶体化合物。该技术是一种特殊蓄冷技术，利用了气体水合物可以在水的冰点以上结晶固化的特性。

冰蓄冷空调系统目前是最受欢迎的蓄冷方式。冰蓄冷系统在楼宇型分布式能源系统中应用很广泛，这主要是因为：冰蓄冷空调系统能够提高能源站对冷负荷变化的适应能力，冰蓄冷空调在冷负荷低谷时处于蓄冷模式，冷负荷高峰时采用蓄冷空调和蓄冰装置释冷两者配合承担；冰蓄冷空调系统有助于削峰填谷，从而减少内燃机和溴化锂机组的容量，降低能源站造价；在冬季供暖时，蓄冰装置可以作为蓄热装置使用，一物多用，缩短投资回收期；可实现大温差供冷。

当压力保持不变时，物质在相变过程中保持恒定温度并吸收或释放热量，通常把这个温度称为相变温度（即溶解温度或凝固温度），把吸收或释放的热量称相变潜热。在常压下，水的相变温度为0℃，相变潜热为335kJ/kg，所以，和水相比，冰的单位体积蓄冷量要大得多。因此，在满足同样冷负荷时，蓄冰槽容积要比蓄水槽容积小得多。

但是，蓄冰槽的容积并不是都用于蓄冰，常用制冰率来表示蓄冰槽中冰所占的份额（所谓制冰率IPF，即蓄冰槽内制冰的容积与蓄冰槽容积的比值）。目前各种蓄冰设备，其IPF为20%～70%。由于水的比热容为4.19kJ/kg，设水蓄冷的供回水平均温差为10℃；和水蓄冷相比，蓄冰槽的容积只有水蓄冷的1/5～2/3。因此，可大大减少体积，极大促进了冰蓄冷技术的推广和应用。

由于水的相变温度为0℃，为使蓄冷槽中的水结成冰，制冷机必须提供-9～-3℃的不冻液，这比常规空调用的冷冻水温度要低得多，因此，必须使用特定的冷水机组。目前，市场主要使用的是双工况主机，它既可以在常规的空调工况下制取冷冻水，也可以在特定的制冰工况下制冰。供制冰用的不冻液可分为两类：一类是用于直接蒸发制冰的制冷剂，如氨、氟利昂等；另一类是作为二次冷媒的载冷剂，如乙二醇水溶液及其他含盐类水溶液。前者常用于人工冰场等，而后者则常用于空调蓄冷工程中。

根据不同的制冰方式，冰蓄冷系统又可分成多种不同类型，如图2.9所示。

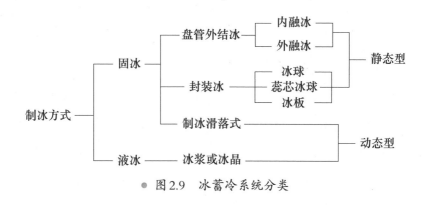

● 图2.9　冰蓄冷系统分类

60　简述氢能制备及利用关键技术。

氢能作为公认的清洁能源，其能量密度（140 MJ/kg）是石油的3倍、煤炭的4.5倍，被视为未来能源革命的颠覆性技术方向。

未来应持续推动氢能制、储、运、用全产业链技术创新，协同推动上下游产业链共同发展：一是聚焦氢气制备关键技术，突破适用于可再生能源电解水制氢的各类电解水制氢关键技术，推动多能互补可再生能源制氢集成关键技术研发应用，开展多应用场景可再生能源—氢能的综合能源系统示范；二是聚焦氢气储运技术，开展气态、液态、固态氢储运关键技术研究，开展掺氢/纯氢天然气管道及输送关键设备安全可靠性研究，研发规模化氢存储示范装置；三是聚焦燃料电池设备及系统集成关键技术，开展高性能、长寿命不同技术路线的燃料电池技术研究，开展多场景下燃料电池固定式及分布式功能示范应用。

氢气制备方面，现阶段我国碱性电解水制氢技术已经实现国产化，掌握了大型化单槽制造技术，处于国际领先水平。质子交换膜电解水制氢技术中，隔膜、电极及催化剂等关键技术装备尚未实现国产化，与国际先进水平存在一定的差距。高温固体氧化物电解制氢、太阳能光解水制氢等其他可再生能源制氢技术大体与国际研究阶段同步。"十四五"期间，应对质子交换膜电解水制氢技术、高温固体氧化物电解制氢技术、太阳能光解水等新型制氢技术的关键材料、技术装备进行集中攻关，提供绿色低碳氢源的重要保障基础。可再生能源电解水制氢集成技术方面，我国尚未有兆瓦级可再生能源电解槽长时间运行经验，缺乏功率控制、动态响应、控制策略等方面的研究及实际运行。"十四五"期间，应结合不同制氢技术适用场景，鼓励开展可再生能源制氢综合能源系统关键技术应用、集成设计优化、协同耦合调控的示范试验，力争到2025年实现可再生能源—氢能综合系统工程应用。

氢气储运方面，我国在固定式高压储氢技术方面处于国际先进水平，需要进一步提高输运用高压气态储氢的储氢密度和单车运氢量；在天然气管道掺氢、纯氢管道输运技术和工程示范等方面与国外存在差距；低温液态储运技术在核心设备和部件大型化、集成应用规模化等方面存在差距，有机液氢技术、固态储氢技术处于小规模示范试验阶段，总体与国际保持同步水平。针对我国在氢储运技术方面存在的差距与不足，"十四五"期间，应鼓励突破自主化氢气储运关键技术，在50MPa气态运输用储氢技术、低温液氢储运技术、固态氢储运技术及有机液体氢储运技术等方面部署了关键技术装备集中攻关重点任务；针对适用于规模化氢储运的纯氢/

掺氢天然气管道输送及氢液化技术开展示范试验，力争到2025年建成掺氢比例3%～20%，最大掺氢量200Nm³/h的掺氢天然气管道示范项目。

燃料电池方面，我国的燃料电池技术在能源领域的技术储备和工程应用相对薄弱。部分电堆材料、核心部件研发应用已经取得了显著进展，但尚未经过长时间工程验证。此外，在热交换器、预重整器等辅机装备，电堆集成设计优化，系统长期运行性能保证及可靠性三方面仍然有待进一步开展攻关和示范研究。"十四五"期间，应针对能源领域应用场景，以进一步提高燃料电池技术成熟度、优化设计结构、积累运行经验、推广先进工程应用为目的，开展不同燃料电池本体技术的集中攻关和集成设计优化，推动燃料电池向大规模、高效率方向发展并实现固定式发电、分布式功能等应用，力争到2025年实现固定式燃料电池发电系统示范。

氢气加注方面，我国在加氢站关键技术方面与国际存在一定差距。虽然在35MPa等级加氢关键装备方面已经取得了一定的突破，但可靠性及耐久性需要进一步验证和提高，且国际上主流建设的70MPa等级加氢站关键技术装备方面，我国处于研发阶段，尚未实现工程应用。"十四五"期间，应针对我国在35MPa和70MPa等级加氢站关键装备尚存在短板的问题，部署70MPa加氢机、满足35MPa/70MPa等级加氢站的压缩机、涉及性能评价和控制技术、加氢装备核心零部件的示范试验，旨在以示范工程推动国产化技术水平的提高，力争到2025年实现加氢站关键部件国产化。

氢安全防控及氢气品质保障方面，我国在氢气泄漏检测、安全测试评价、检测试验能力等方面均与国外存在较大差距。针对这一问题，"十四五"期间，应开展临氢环境下临氢材料和零部件氢泄漏检测及危险性试验研究，氢气燃烧事故防控与应急处置技术装备研究；在氢气品质保障方面，考虑到未来一段时期内，副产氢仍然是我国主要的氢源，"十四五"期间，应鼓励开展工业副产氢纯化关键技术研究。

## 61  为保障电化学储能电站安全，应重点做好哪些方面的工作？

（1）运维管理方面。

1）加强储能电站安全消防的事前管理。从规划建设、设备准入、运维监控等方面采取预防性手段，提升项目建设安全等级。在储能电站的设计和建设过程中，强化储能电站安全消防验收和监管力度，提升安全消防设计等级，同时做好标准化建设和安全培训工作，做到防患于未然。

2）加强储能电站单体电池状态管控。对单芯电池管理到每一个电芯的温度、电压、电流，每一个电芯的SOC（剩余电量）、SOH（电池极限容量大小）及内阻变化。从电池状态控制管理深化到对每个电芯的实时状态感知并进行动态调整和及时告警，从最小的模块着手提高储能电站的安全性。

3）提升储能电站防火灭火管控力度。建立精准高效的防火灭火策略，及时探测捕捉电池早期热失控的预兆，将电池失火概率降到最低。建立有效的热管理和防爆通风策略，采用防止电池热失控扩散及复燃的灭火技术，在储能电站失火时确保火灾发生范围不扩散、已灭火的区域不复燃，保障储能电站的防火灭火效率维持在一个较高的水平。

（2）技术创新方面。

1）进行储能设施运维管控标准体系的研究，在国家和行业层面加快研究出台储能系统在规划设计、管理审批、建设施工、运营维护等各环节统一的规划和标准，从行业和产业的顶层设计上保证储能的健康可持续发展。

2）加强对储能电站主动预警技术的研究。针对目前市场上电池厂家众多、产品良莠不齐的现状，研究海量数据的有效利用和深度分析技术，开展电池状态分析和预判技术攻关，实现电池运行维护提前判断、故障及早排查。

3）建立储能电站安全风险评价体系，根据储能电站技术方案、规模等级、应用特征、设备选型、安防措施、运行管理等，建立健全要素风险评价体系，实现储能电站风险评价和隐患识别。

## 62　简述储能应用现状及发展趋势。

目前我国储能资源以抽水蓄能为主，电化学储能占比较低。据《2022储能产业应用研究报告》显示，2021年我国储能市场中，抽水蓄能装机功率为3757万kW，占比86.5%；电化学储能装机功率512万kW，占比11.8%。另据统计，85%以上的抽水蓄能用于削峰填谷，近50%的电化学储能用于调频。

2021年中国电化学储能市场中，新能源+储能、电源侧辅助服务、电网侧储能、分布式及微网、用户侧削峰填谷各类场景功率装机规模分别为837.5 MW、532.3 MW、401.0 MW、28.0MW、45.8 MW，各类场景项目个数依次为40、18、12、42、19。表2.9为国网经营区在建在运电化学储能各环节装机情况。

▼ 表2.9　　　　国网经营区在建在运电化学储能各环节装机情况

| 接入环节 | 在运功率<br>（万kW） | 在运容量<br>（万kWh） | 在建功率<br>（万kW） | 在建容量<br>（万kWh） |
|---|---|---|---|---|
| 电源侧 | 27 | 40 | 79 | 183 |
| 电网侧 | 33 | 64 | 63 | 147 |
| 用户侧 | 13 | 76 | 14 | 78 |
| 合计 | 73 | 181 | 156 | 408 |

　　各储能工程的成本回收机制差异较大，主要有峰谷套利、新能源减弃、调峰补偿、租赁服务等。湖南省部分地区出台政策，支持从备用容量费、电量电费、租赁服务与调峰补偿等方面进行补偿，可实现储能电站成本的快速回收。表2.10为国网经营区电化学储能工程案例。

▼ 表2.10　　　　国网经营区电化学储能工程案例

| 工程 | 项目功率及容量 | 成本回收机制 |
|---|---|---|
| 滨海景盛路（游乐港）集中储能电站 | 1kW（1kWh） | 峰谷套利：约0.56元/kWh |
| 张家口风光储 | 3.2kW（9.58kWh） | 新能源减弃：约0.5元/kWh |
| 格尔木多能互补储能电站 | 5kW（10kWh） | 新能源减弃：约0.5元/kWh |
| 和田节能洛浦储能一电站 | 1kW（2kWh） | 调峰补偿：0.55元/kWh |
| 江苏镇江电网侧储能电站项目 | 10.1kW（20.2kWh） | 电网租赁：基准收益率6.89% |
| 湖南长沙储能电站 | 5.9kW（11.8kWh） | 备用容量费：600元/kW；<br>电量电费：0.45元/kWh；<br>与新能源公司签订了风电配套储能租赁服务合作合同：1500万元/年；<br>参与省内深度调峰和紧急短时调峰两个品种交易：600万元/年 |

随着《电力辅助服务管理办法》等政策文件的出台，储能工程的成本回收机制将有据可依。辅助服务主体涵盖至新型储能；辅助服务分类和品种涵盖调频、调峰、备用、转动惯量、爬坡、自动电压控制、调相运行、稳定切机服务、稳定切负荷服务和黑启动服务等；成本回收机制涵盖有偿电力辅助服务，包括固定补偿与市场化方式两种方式。表2.11为《电力辅助服务管理办法》解读。

▼ 表2.11　　　　　　　　《电力辅助服务管理办法》解读

| 相关条款 | 子条款 | 内容 |
|---|---|---|
| 辅助服务主体 | 范围 | 由并网火力、水力发电厂，扩大至各类发电厂、新型储能、可调节服务 |
| | 层级 | 由省级以上调度机构管理的并网主体，扩大至省级以下并网主体 |
| 辅助服务分类和品种 | 有功平衡服务 | 包括调频（一次调频和二次调频）、调峰、备用、转动惯量、爬坡等 |
| | 无功平衡服务 | 包括自动电压控制（AVC）、调相运行等 |
| | 事故应急及恢复服务 | 包括稳定切机服务、稳定切负荷服务和黑启动服务 |
| 成本回收机制 | 基本电力辅助服务 | 并网主体义务提供，无补偿 |
| | 有偿电力辅助服务 | 固定补偿：补偿成本、合理收益，由发电企业、市场化电力用户等所有并网主体共同分摊 |
| | | 市场化方式：通过市场化竞争形成价格 |

随着价格形成机制、中长期发展规划等支持文件出台，抽水蓄能、电化学储能装机规模将持续增长，成为新能源高比例大规模发展需求的重要支撑。预计至2025年、2030年、2060年，抽水蓄能装机容量分别达到约0.6亿kW、1.2亿kW、4.5亿kW，电化学储能装机容量分别达到约0.3亿kW、1.0亿kW、3.0亿kW（见图2.10）。

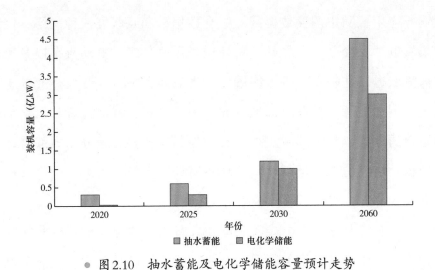

图 2.10 抽水蓄能及电化学储能容量预计走势

## 数字智能类

63 新一代调度技术支持系统体系架构是什么？如何实现清洁能源优化调度？

　　基于传统自动化系统运行控制平台和模型驱动型应用，运用云计算、大数据、人工智能等信息通信新兴技术，构建云计算平台和数据驱动型应用，形成两种平台协同支撑、两种引擎联合发力、四大子系统协同运转的新一代调度技术支持系统。在体系架构上，基于运行控制子平台和调控云子平台两种平台，构建实时监控、自动控制、分析校核、培训仿真、现货市场、新能源预测、运行评估和调度管理八大类业务应用，利用调度数据网、综合数据网和互联网三种网络，广泛采集发电厂、变电站、外部气象环境、用电采集、电动汽车以及柔性负荷等数据，并基于人机云终端，实现对两种平台、八大类业务应用的统一浏览查看。在系统部署方面，采用分布式就地部署和云端部署相结合的方式，其中实时监控、自动控制在省调实施分布式部署，分析校核、培训仿真、运行评估、现货市场、新能源预测、调度管理依托省级云节点，实施云端部署。

针对未来大规模集中式新能源和分布式新能源并重发展的能源战略，基于一体化电网模型数据，全面分析水气煤风光等一次能源及负荷需求时空互补特性，发挥电网作为资源优化配置的平台作用，结合市场化调节手段，构建全周期滚动、跨区域统筹、发用电实体深入参与的电力电量平衡体系，从全网层面挖掘系统整体调节能力，实现调峰、备用、调频等各类资源的全局共享，全面提升清洁能源优化调度能力，助力能源绿色转型。

## 64　新一代调度技术支持系统建设背景是什么？功能上有何变化？

新一代调度技术支持系统的提出背景有两方面，一是电网发展新形式导致电网全局性故障影响范围大、处置措施复杂，现有 D5000 系统难以适应，如特高压直流大功率缺失对电网安全运行造成严重冲击；二是新能源大规模高比例接入带来了新的不确定性，频率稳定和平衡问题日益突出，倒逼调度模式转变。新一代调度技术支持系统建设目标即是适应大电网潜在运行风险前瞻性调度需求。

　　相较于现有智能电网调度控制系统,新一代调度技术支持系统在当前电网实时运行状态调控基础上,更加强调对未来一个时段电网运行状态的预测,并对全过程可能的运行风险做出预判,进而提出预调度这个新的概念。所谓预调度是指"对电网未来一段时间的运行方式变化和各类调度措施进行交互式时序化快速预演,帮助调控运行人员提前掌握电网运行风险和处置方案"。

　　预调度是面向电网调控运行风险的一种管控手段,不同于调度员仿真培训系统(DTS)与当前电网方式基本无关、可以长时间准备教案、培训时钟与实际时钟同步,也不同于在线分析预警主要面向电网当前单断面的情况,预调度通过电网长过程仿真、电网运行关键点发现,在很短的时间内揭示电网当前及未来一段连续时间内的各种风险及辅助决策,并将其呈现给调控运行人员。因此,实现预调度需要解决预演数据准备、电网长过程仿真、电网运行关键点提取等方面的问题。

　　预调度需要用很短的时间仿真电网一段时间的变化过程,其本质是对电网未来一段时间若干关键运行点及其附件断面的全方位分析,因此电网运行关键点的提取是预调度能够有效发挥作用的基础,目前这方面的研究主要集中在电网关键断面识别和断面输电能力评估方面。计及有功/无功控制的电网长过程模拟是预调度的核心,自动发电控制(AGC)和自动电压控制(AVC)、电网连续长过程仿真的相关成果也为预调度技术的实现奠定了基础。

## 65 负荷聚类智慧互动平台采用怎样的架构？功能有哪些？

负荷聚类智慧互动平台（见图2.11）是"三层四类"负荷聚类的信息化平台载体。

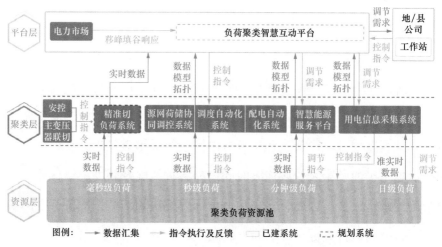

● 图2.11 负荷聚类智慧互动平台系统架构

通过搭建平台、聚类、资源"三层"调节架构以及毫秒级、秒级、分钟级、日级"四类"负荷资源池，采用精准控制和柔性调节"两种"手段逐步替代原有限电拉路和自动切大开关模式。通过挖掘资源点、理顺聚类线、打造平台面，建立全方位负荷聚类智慧互动平台体系。

基于毫秒级、秒级、分钟级、日级资源采集控制能力，充分利用营配调数据贯通成果，综合负荷预测、检修计划等应用数据，实现用户供电全路径分析、聚类资源协同互动、实时决策、功率自动控制、协同故障预决策、充裕度评估、互联网及移动应用、运行效果评价等八大功能。

## 66 企业云平台采用怎样的架构？功能有哪些？

企业云平台包括企业管理云、公共服务云和生产控制云三部分（以下简称"三朵云"），由一体化企业云平台（以下简称"云平台"）及其支撑的各类业务应用组成。企业管理云是覆盖管理大区的资源及服务，支撑企业管理、分析决策、综合管理类业务；公共服务云是覆盖外网区域的资源及服务，支撑电力营销、客户服务、电子商务等业务；生产控制云是覆盖生产大区的资源及服务，支撑调控运行及其管理业务。三朵云所依托的云平台由云基础设施、云平台组件、云服务中心和云安全套件组成，能够实现设施、数据、服务、应用等IT资源的一体化管理，进一步提升信息存储、传输、集成、共享等服务水平，有力促进业务集成融合，缩短应用上线周期，快速响应业务变化，显著提升用户体验，增强系统运行可靠性。

## 67 企业中台采用怎样的架构？功能有哪些？

企业中台通过统一的数据模式和共享能力服务，可满足业务快速响应的需求，推动企业协同管理、提升效率。

企业中台不仅仅是信息系统架构的调整，也涉及了企业管理模式和组织架构的变革，一般包括业务中台、数据中台和技术中台。企业中台已向"微应用"（快速、灵活）+"大中台"（整合、重用）+"强后台"（强力、稳定）的系统架构演进。

业务中台定位于为核心业务处理提供共享服务，其实质是将各核心业务中共性的内容整合为多个共享服务。共享服务通过应用服务层供各类前端应用调用，可实现应用快速、灵活构建。

数据中台定位于为各专业、各单位提供数据共享服务。企业以统一的数据中心分析域、管理域为基础构建数据中台，可持续解决数据时效性不足、数据模型不完善、数据服务能力不高、主数据应用不全等问题。对电网企业而言，数据中台可逐步使电网、产业、金融、国际化等各板块数据融通，有效支撑各类分析应用场景的构建。

技术中台定位于为各类型业务应用提供统一的技术支撑和平台化服务。技术中台以业务和需求为导向，把"大云物移智链"等技术能力和地理信息服务等共性需求形成应用接口，通过统一平台为各专业提供共享服务。

**68** 新能源云有哪些数据接入？由哪些功能模块组成？

新能源云平台界面如图2.12所示。

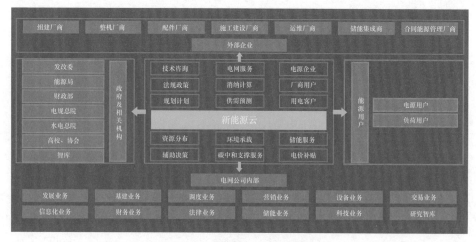

● 图2.12　新能源云平台界面

**新能源云平台数据包括**各个能源企业内部财务管控系统、规划计划系统、基建管控系统、电能质量在线监测系统、输变电设备状态监测数据、供电电压采集系统、营销业务管控、电能服务管理平台、用电信息采集系统、营销业务应用、全国统一电力市场技术支撑平台、科技管理系统、经法系统、协同办公系统等。对外使用统计局、发改委、气象局、环保局、国土资源局、文物局等单位提供的专业数据。利用建站并网、运行监测、金融交易、运维检修等服务，经过大数据对内部业务应用和外部客户服务提供数据支撑。

**新能源云平台功能模块包括**环境承载、资源分布、规划计划、供需预测、储能服务、消纳计算、厂商用户、电源企业、用电客户、电网服务、电价补贴、技术咨询、政策研究、辅助决策、大数据分析15个功能模块，充分体现"枢纽型、平台型、共享型"特征。

## 69　能源大数据中心包括哪些特征？有何功能应用？

**能源大数据中心具体特征包括：**①建立数据采集汇聚标准，推动水电煤气油等能源数据汇聚，打通"国家级—省市级"能源大数据中心数据链路，实现能源生产、传输、存储、消费和交易全环节全链条数据汇聚接入、安全存储和统筹管理；②以创新产品应用为驱动，采用政策指导和市场化方式，设计数据权责机制、可信技术手段和利益分配模式，推进能源数据共享与开放；③做好能源数据治理，开展数据质量核查和常态监测，形成"权责明晰、分工合理、协同高效"的数据管理体系；④遵守国家法律法规，强化涉及能源安全、企业机密和用户隐私的重要数据安全保护，提高覆盖能源数据全生命周期的安全防护和隐私保护能力；⑤打造能源大数据共享交易平台，实现数据生产要素的自由流通；⑥加强密码学、区块链、联邦学习、多方可信计算等技术在数据安全流通和开放共享中的作用，构建能源大数据可信共享服务体系。

能源大数据中心围绕赋能电网转型升级、经营管理提升、客户优质服务和业务创新发展，开展数字化建设管理支撑、能源大数据中心建设运营、企业中台运营、数据产品开发应用及推广、数据基础共性技术研究和数据安全合规管理保障等核心业务，推动数据业务全链条创新，成为电网公司数字化建设支撑者、数据资产运营者、数据价值创造者、数据成果推广者、数据安全守护者和数字生态建设者。

## 70　数字孪生在电网中有哪些应用场景？

数字孪生（digital twin，DT）起源于"镜像空间模型"一词，是一个充分利用物理模型、传感器更新、运行历史等数据，集成多学科、多物理量、多尺度、多概率的仿真过程，在虚拟空间中完成映射，从而反映相对应的实体装备的全生命周期过程。数字孪生技术具有同基因、自治、同步、互动、共生五个特点。

与传统电力系统建模和仿真相比，数字孪生技术深度融入新型电力系统的数字化业务链，同时还兼容了智能传感器、5G通信、云平台、大数据分析和人工智能等技术，在新型电力系统建设中应用潜力巨大。数字孪生技术概念内涵应用于新型电力系统建设的思路包括：应用物联协议适配模块全面汇聚新型电力系统各个离散系统、新型物联网感知终端等多源异构数据，开展边缘计算和数据就地处理，实现源网荷储多元数据实时汇聚和状态自主快速感知。

（1）输电线路三维形态构建领域。数字孪生输电线路三维形态构建利用实时感知数据和设备三维数字模型，在虚拟空间构建出实物输电线路的数字版"克隆体"，以物联感知数据驱动输电线路三维模型，通过边缘智能的汇聚层融合已有状态感知数据及信息，直观查看设备数据，获取设备状态、告警、趋势、监控等实时动态及历史信息。

（2）电缆沟道自动巡检领域。深挖数据之间关联关系，解析、提取各系统库中同设备不同形态数据，按照特征、规则将其标签化，建成数据来源广泛、业务覆盖全面、应用场景便捷分析的设备标签体系。辅助运维检修人员全面了解设备运行状态，为运检工作提供指导依据，提升运检人员工作水平。

（3）变电站智能运维领域。整合站内主设备在线监测等存量系统，在站内一次设备安装成熟的感知终端、新型物联网传感装置和智能装备，包括主变压器、GIS断路器、开关柜、电缆层、变电站地网和变电站环境的感知传感器和巡检机器人，全面获取设备和环境的状态信息，推进站端设备状态的全方位立体感知能力。图2.13为数字孪生变电站系统。

数字孪生技术应用于新型电力系统的优势与作用包含以下几个方面：

（1）增强感知。即利用物理规律补充传感器的不足。电力系统作为一个人造系统，背后许多物理规律能够被基本掌握。利用数字孪生并基于物理规律和量测，可以推算某些没有传感器量测的系统状态，从而在减少传感器及相关成本的同时增强对系统运行状态的了解。

（2）增强认知。在当前电力电子高渗透和新能源发电高渗透的背景

● 图2.13 数字孪生变电站系统

下，电力系统呈现出更高的复杂性，许多物理机理和规律仍有待研究。利用新型电力系统的数字孪生体不断模拟其运行特性，可以为探索未知规律提供新的途径。

（3）增强智能。以数字孪生体上进行大量模拟得到的仿真数据作为样本，通过机器学习让机器获得分析判断和规划自身行为的能力，实现机器智能。例如训练调度机器人。

（4）增强控制。数字孪生体可以作为控制算法的测试开发平台，给任意方式下获得的控制规律提供闭环验证环境，从而提高控制的准确性，优化控制性能。

## 71　智能巡检的技术手段有哪些？有何优势？

智能巡检技术手段包括人工智能、数字孪生、云计算、机器人、视频监控、多维传感等，结合可视化、AR/VR等交互形式，为电力系统发电、输电、变电和配电各个关键环节提供智能高效、持续迭代的巡检技术。

智能巡检优势包括：

（1）提供完善的工作计划。智能巡检管理系统可以支持每日、多日、每周或者每月等不同时间段的灵活排班考核方式，能够按照区间进行体检或者计划模板制订工作计划。

（2）实时跟踪与历史统计。对于工作人员进行实时数据统计，记录所有工作人员的工作情况、出勤情况及工作状态。支持数据的保存、备份及随时调阅，提供历史的轨迹回放，工作情况等的重现、追溯和分析统计。

（3）隐患警报管理。智能巡检管理系统配有闪烁与音效提示管理人员进行处理和调度，能够图文并茂地展现隐患现场并打印工单，结合地图信息掌握隐患分布，调整区域巡查力度，并设置隐患高发区进行单独管理，以防隐患再次发生。

（4）数据分析报表整理。智能巡检系统自动生成巡检日报、巡检月报、排班计划表、报修工单以及管理人员所需要的人员考勤表、隐患类型表、趋势分析等，并且提供可导出的电子化表格。

## 72    什么是智慧变电站？其具体组成是什么？

智慧变电站采用可靠、经济、集成、环保的设备与设计，按照采集数字化、接口标准化、分析智能化的技术要求，应用智能高压设备、自主可控新一代二次系统、主辅一体化监控、远程智能巡视等先进技术，建设状态全面感知、巡视机器替代、作业安全高效的变电站，为集控站与调度自动化系统提供数据及业务支撑。

智慧变电站主要由智能高压设备、二次系统、辅助系统组成，组成结构见图2.14和图2.15。

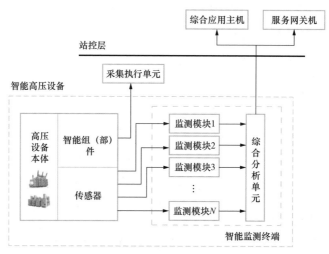

● 图2.14　智慧变电站智能高压设备组成

智能高压设备由高压设备本体、智能组（部）件、传感器和智能监测终端组成，主要包括智能变压器、智能高压开关设备（智能组合电器、智能断路器、智能隔离开关、智能空气柜、智能充气柜）、智能互感器、智能避雷器。

智慧变电站二次系统应遵循《自主可控新一代变电站二次系统技术规范》，采用分层、分布、开放式体系架构。二次系统分为过程层、间隔层及站控层：

（1）过程层设备主要包括采集执行单元，支持或实现电测量信息和设备状态信息的采集和传送，接受并执行各种操作和控制指令。

（2）间隔层设备主要包括测控装置、继电保护装置、安全自动装置、

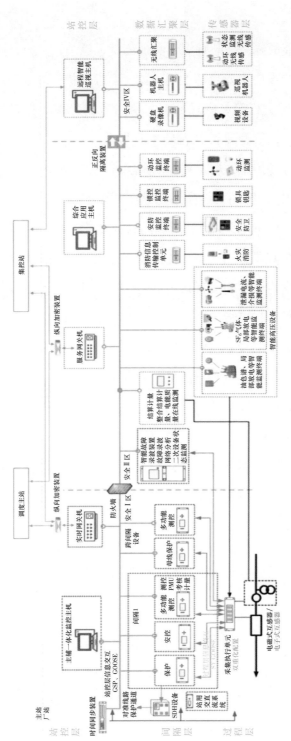

● 图 2.15 智慧变电站二次系统、辅助系统组成

计量装置、智能故障录波装置等，实现测量、控制、保护、计量等功能。

（3）站控层设备主要包括主辅一体化监控主机、综合应用主机、实时网关机、服务网关机等，完成数据采集、数据处理、状态监视、设备控制、智能应用、运行管理和主站支撑等功能。

辅助系统分为传感器层、数据汇聚层和站控层：

（1）传感器层设备主要包括变压器、断路器、隔离开关、避雷器、电流/电压互感器等一次设备及其所属的智能监测终端，以及火灾消防变送器、安全防范探测器、动环系统传感器、无人机、机器人、固定视频、无线传感器等，支持或实现设备状态信息和运行环境信息的采集和传送，接受并执行各种操作和控制指令。

（2）数据汇聚层设备主要包括消防信息传输控制单元、安防、动环监控终端、机器人主机、硬盘录像机、安全接入网关等，实现数据汇集、规约转换、控制和网关等功能。

（3）站控层设备主要包括主辅一体化监控主机、综合应用主机、远程智能巡视主机、实时网关机、服务网关机等，完成数据采集、数据处理、状态监视、设备控制、智能应用、运行管理和主站支撑等功能。

## 73　新型电力系统对电网数字化的新要求是什么？

新型电力系统具有清洁低碳、安全可控、灵活高效、智能友好、开放互动的基本特征，其电源结构、电网形态、负荷特性、技术基础和业务模式都将发生深刻变化。新型电力系统的新特点对电网数字化提出了新要求：

（1）范围更广。新型电力系统涉及的采集控制对象规模更大，且逐步向配电侧和用户侧延伸和下沉，大量对象单点容量低、位置分散，需要统筹采集控制装置的管理，优化配置策略，提升采集控制有效性，降低投入成本。

（2）环节更多。新型电力系统源网荷储各环节紧密衔接、协调互动，海量对象广泛接入、密集交互，打破了传统电网业务依赖于分环节、分条块数据应用的边界，需要统筹应用全网采集控制数据。

（3）时效更高。新型电力系统业务的开展，建立在源网荷储全环节海量数据实时汇聚和高效处理的基础上，对数据采集、传输、存储、应用提出更高的时效性要求，需要统筹提升感知采集频率以及计算算力、网络通道和安全防护，共同提供支撑。

（4）随机性更强。新型电力系统的电源侧和负荷侧均呈现强随机性，为确保电力系统安全稳定运行，需要统筹优化拓展现有控制方式，应用多种控制策略、控制渠道，建立灵活、可靠、经济的控制手段。

（5）服务更多元。新型电力系统的采集控制，在支撑电力系统安全稳定运行的同时，也要服务国家"双碳"目标的落地，需要统筹电、碳数据采集和相关应用需求，支撑碳监测统计分析等。

## 74　业务数字化的主要举措有哪些？如何提升服务质效？

利用数字技术大力改造提升传统电网业务，促进生产提质、经营提效、服务提升。

（1）推进电网生产数字化。强化电网规划、建设、调度、运行、检修等全环节数字化管控。例如，推广应用图数一体、在线交互的"网上国网"，有力支撑各电压等级电网在线可视化诊断评价、智能规划和精准投资，基本实现"电网一张图、数据一个源、业务一条线"。

（2）推进企业经营数字化。以人财物等核心资源优化配置为重点，利用数字技术提升精益管理水平。在财务管理方面，构建多维精益管理体系，促进业务与财务深度融合，精准核算每个业务单元的投入产出效率。在物资管理方面，初步建成现代智慧供应链，实现物资业务全流程在线办理，推动智能采购电子化、数字物流网络化、全景质控可视化。

（3）推进客户服务数字化。通过打造融合线上线下服务的"网上国网"平台，全面推行线上办电、缴费、查询等业务功能，实现服务一个入口、客户一次注册、业务一网通办，让人民群众足不出户享受便捷服务，提供"欠费不停电""不计滞纳金"等贴心服务。

## 75  数字化供电所建设背景意义是什么？如何打造？

随着优质服务需求的不断提升，供电所标准化建设不断完善并被赋予新的意义，历经"星级乡镇供电所""全能型乡镇供电所"，到现在的"全能型数字化供电所"，是国家"双碳"目标、乡村振兴战略和新型电力系统建设、数字化转型有机结合的产物。2015年，随着"互联网+"的提出，各行各业信息系统及数字化建设拉开序幕。随着用电信息采集、智能抄核收等信息技术在电力营销中的全面应用，"供电所数字化管理""数字化供电所"等发展理念逐渐形成。电网企业聚焦"数字赋能、基层减负、提质增效"，明确了"业务自动化、作业移动化、服务互动化、资产可视化、管理智能化和装备数字化"的"六化"建设理念和"基础型、标准型、示范型"三个级别的数字化供电所建设验收标准，提出了六类（建设全业务融合的供电所数字化应用，支撑业务自动化；推行现场作业"三个一"模式，实现作业移动化；推进客户服务多渠道融合，实现服务互动化；推进设备仓储数字化管理，实现资产可视化；推进所务管理全线上流转，实现管理智能化；推进数字化装备配置应用，实现装备数字化）共21项重点任务和12个业务应用场景（业扩报装、现场勘查设计、计量采集消缺、营业电费催缴、停电故障抢修、低压设备巡检、仓储物资领用、台区线损治理、用电检查应用、台账资料建档、风险闭环管控、代理购电）。

## 76 适应新型电力系统数智化发展的先进通信方式有哪些？包含哪些应用场景？

随着新型电力系统建设推进，用电信息采集、配电自动化、分布式能源接入、电动汽车服务、用户双向互动等业务快速发展，各类电网设备、电力终端、用电客户的通信需求呈爆发式增长，迫切需要适应实时、稳定、可靠、高效、分散分布等特点的新型通信系统支撑。

拥有超低时延超高可靠、大带宽、大规模连接三大技术特性的5G通信技术，成为支撑新型电力系统能源转型的重要战略资源和新型基础设施。5G通信在新型电力系统中的应用场景可分为高带宽需求场景、高容量需求场景、低延时需求场景。其中高带宽需求场景包括电力系统高清视频与图像实时监控、基于高清图像感知的光伏短期预测等，5G通信的高速率、高带宽特性使得高清视频和图像能够快速、便捷地进行远程无线传输，提升监控效率与预测精度，降低通信成本。高容量需求场景包括电力系统密集状态感知、用户综合负荷预测与高精度肖像描绘等。状态估计是电力系统安全运行的重要环节，5G通信技术拥有高密度连接特性，支持PMU、micro-PMU等高分辨率智能量测元件的大量部署，可大大提高系统安全性；另外，5G通信能够实现电力系统各环节万物互联，广泛的信息获取使电力系统能够从社会行为的角度理解和掌握用户用电特征。低延时需求场景包括海量分布式资源参与安全稳定控制，分布式馈线继电保护，分布式储能、充电桩等需求侧资源实时调频等。5G通信的毫秒级低延时特性与海量设备接入能力可实现负荷的快速精准控制，有效提高继电保护速度，有效解决需求侧资源实时参与调频的通信延迟问题，减少昂贵的光纤的铺设量。

光纤通信技术是现代通信技术中的主要技术，它是将光纤作为通信的传输通道，同时利用光作为信息传输载体的通信技术。因为光纤是由具有绝缘性质的玻璃构成的，所以不用考虑由于接地形成的回路造成的影响。同时，由于光纤之间构成的串绕较小，而光波在传输的过程中，不会因为光信号的泄漏而造成信息窃听。因为光纤的纤芯和光缆（多光纤组成的结构）的直径都非常小，所以光纤通信的信息传输系统占用的空间不会很大。除此之外，在光纤通信系统中，因为光波的频率远远高于电波的频率，再加上光纤在传输信息时造成的损耗远远小于导波管或同轴电缆在传输信息时造成的损耗，所以光纤传输的容量能够达到微波传输容量的几十倍。光纤通信在电力系统中的应用广泛。在骨干电力通信系统中应用的光缆主要是将OPGW或者ADSS光缆作为信息传输载体。电力通信系统采用了SDH技术、PTN技术、OTN技术等，其中，对SDH技术的应用最广泛。在骨干电力通信网不断发展的同时，以电力通信系统为基础的信息业务不仅仅是远程控制语音联网、调度实时控制信息传输等窄带宽业务，还包括了承载调度电力的数据通信系统、办公自动化系统、电视电话会议系统、动态环视监控系统、电力营销计量系统等多类由通信电力系统作为基础的信息业务。现代的通信电力系统能够有效地协调电力系统发电、送电、变电、配电、用电之间的联合运转，同时有效地促进了电力系统能够安全、可靠、稳定地运行。

北斗系统作为我国自主研发的全球卫星导航系统，可为新型电力系统的建设提供导航定位、精密授时、短报文通信服务等基础技术支撑。电网的安全生产和业务管理与时间、空间息息相关，需要北斗系统提供的高精度位置服务、无公网覆盖区域的短报文通信服务和电网运行所必需的授时授频功能。针对北斗的授时授频、短报文、高精度定位三大功能，结合电力数字化发展实际已经取得了一系列突破性成果。在北斗授时方面，电力调控领域、管理信息领域已全面应用北斗授时信号；在北斗授频方面，频率同步骨干网已实现接收北斗授频；在北斗导航及定位方面，车辆全部安装了北斗车载终端，试点建设了基于北斗的输电线路地质灾害监测评估预警体系，切实提升输电线路抵御自然灾害的能力，主动应对暴雨洪涝诱发的地质灾害对输电线路的威胁；在北斗短报文方面，进行了用电信息采集的试点应用，解决了偏远无公网覆盖区域的通信手段匮乏、用电信息采集难问题。此外，针对电网基建、运检、营销、调度、规划等业务应用需求，已经开展了施工现场管理、输电线路巡检、电网选址选线等试点应用，进一步提升了电力生产、服务效率和电力安全、应急管理水平。

## 77　简述新型电力系统背景下电网数字化发展方向。

新型电力系统朝着电网数字化、企业数字化、服务数字化与能源生态数字化方向发展。

电网数字化是物理电网在数字世界的完整映射，建立数字孪生模型，通过数字世界的操作作用于物理世界，实现数字世界和物理世界的双向互动，实现电网量值传递、状态感知、在线监测、行为跟踪、趋势分析、知识挖掘和科学决策，电网数字化为电网向更高层次的智能化赋能，使电网能够有效应对大规模新能源接入、电力市场改革、用户需求多元化等挑战，促进电网运行更加安全、可靠、智能、经济。

企业数字化是将数字技术植入电网企业生产、管理和经营全过程，推动数字化运营与决策，实现管理化繁为简，提升管控力、决策力、组织力和协同力。构建覆盖企业运营管理全业务的一体化数字业务平台，以数据驱动业务流程再造和组织结构优化，推动员工数字化，打通业务边界和信息壁垒，促进跨层级跨系统、跨部门、跨业务的高效协作，实现所有工作各尽其职又高度协同，进一步优化资源配置。打造企业驾驶舱，以数字技术实现管理量化，支持企业管理决策"全景看、全息判、全维算、全程控"，实现各类生产经营活动的实时监控、动态分析和风险管控，全面支撑公司运营风险管控和科学决策。

**服务数字化**是客户服务过程中的数字化交互、自动化服务和智能化体验。电网企业构建现代供电服务体系，推进数字技术深度融入用户服务全业务、全流程，以"服务用户、获取市场"为导向建设敏捷前台，以"资源共享、能力复用"为核心建设高效中台，以"系统支持、全和保障"为宗旨建设坚强后台，通过广泛连接并拓展客户资源，实现线上线下的无缝连接，打造流程简洁、反应迅速、灵活定制的应用服务，提高服务效率和客户体验。支撑业务创新，提高用户体验，驱动用户需求潜能不断释放且持续得到满足。

**能源生态数字化**是基于数字业务技术平台构建智慧能源产业生态，利用数字技术，引导能量、数据、服务有序流动，构筑更高效、更绿色、更经济的现代能源生态体系。通过构建面向政府、发电集团、用户等产业链参与方的统一数字业务技术平台，使得能量、数据、服务自由交易，实现整个生态共生、共享、共融、共赢。创新平台各方的交易和交互方式，强化电网企业在能源产业价值链的整合能力，支撑企业向能源产业价值链整合商、能源生态系统服务商转型。

第三篇

# 市场篇

# 电力市场类

## 78 什么是电力市场？电力市场如何分类？

我国关于电力市场的权威解释始见于《中国电力百科全书 电力系统卷（第二版）》。电力市场的定义为基于市场经济原则，为实现电力商品交换的电力工业组织结构、经营管理和运行规则的总和。

电力市场依据不同角度有多种分类方式：它既包括商品市场，也包括服务市场；既包括批发市场，也包括零售市场；既包括实物市场，也包括金融市场。根据交割周期，电力市场可大体分为中长期市场和现货市场。电力市场根据交易品种可细分为能量市场、电力辅助服务市场、发电权、容量市场和输电权市场等。

## 79 什么是中长期电力市场？具体包含哪些交易品种？

电力中长期市场指符合准入条件的发电厂商、电力用户、售电公司和独立辅助服务提供主体等市场主体，通过双边协商、集中交易等市场化方式，开展的多年、年、季、月、周、多日等电力批发交易。在我国，对于执行政府定价的优先发电电量和分配给燃煤（气）机组的基数电量（二者统称为计划电量），视为厂网间双边交易电量，签订厂网间购售电合同，相应合同也纳入电力中长期交易管理范畴。

电力中长期交易现阶段主要开展电能量交易，灵活开展发电权交易、合同转让交易，根据市场发展需要开展输电权、容量等交易品种。根据交易标的物执行周期不同，中长期电能量交易包括年度（多年）电量交易（以某个或者多个年度的电量作为交易标的物，并分解到月）、月度电量交易（以某个月度的电量作为交易标的物）、月内（多日）电量交易（以月内剩余天数的电量或者特定天数的电量作为交易标的物）等针对不同交割周期的电量交易。

## 80 什么是电力现货市场？具体包含哪些交易品种？

电力现货市场指日前及更短时间内的电能量交易的市场，它是相对于电力中长期市场的一个概念。我国电力现货市场交易主要指符合准入条件的发电企业、售电企业、电力用户和独立辅助服务提供主体等市场主体，通过竞争形成分时市场出清价格，开展的日前电能量市场、日内机组组合调整、实时电能量市场交易和辅助服务市场交易。电力现货的交易品种为卖方发电企业与买方电网企业、售电公司、电力用户之间进行的电能量和电力辅助服务交易。

## 81 什么是电力辅助服务市场？具体包含哪些服务品种？

要了解电力辅助服务市场，首先要明细电力辅助服务的定义，根据《电力辅助服务管理办法》（国能发监管规〔2021〕61号）的定义，电力辅助服务是指为维持电力系统安全稳定运行，保证电能质量，促进清洁能源消纳，除正常电能生产、输送、使用外，由火电、水电、核电、风电、光伏发电、光热发电、抽水蓄能、自备电厂等发电侧并网主体，电化学、压缩空气、飞轮等新型储能，传统高载能工业负荷、工商业可中断负荷、电动汽车充电网络等能够响应电力调度指令的可调节负荷（含通过聚合商、虚拟电厂等形式聚合）提供的服务。

我国现有电力服务品种可以分为三大类，分别是有功平衡服务、无功平衡服务和事故应急及恢复服务。

（1）有功平衡服务包括了调频、调峰、备用、转动惯量、爬坡等电力辅助服务。

（2）无功平衡服务即电压控制服务，电压控制服务是指为保障电力系统电压稳定，并网主体根据调度下达的电压、无功出力等控制调节指令，通过自动电压控制（automatic voltage control，AVC）、调相运行等方式，向电网注入、吸收无功功率或调整无功功率分布所提供的服务。

（3）事故应急及恢复服务包括稳定切机服务、稳定切负荷服务和黑启动服务。

电力辅助服务市场是以调频、调峰、调相、备用等各类辅助服务为交易标的物的市场。建立中国特色的电力辅助服务市场体系是要与电力中长期市场有效衔接、协同运行，切实发挥电力系统"调节器"作用，有效提升电力系统综合调节能力，显著增加可再生能源消纳水平。值得注意的是，随着电力现货市场机制日渐完善，现货市场的分时市场出清机制将逐渐替代调峰辅助服务完成削峰填谷的功能。表3.1为各类电力辅助服务品种补偿机制。

▼ 表3.1　　　　　　　　各类电力辅助服务品种补偿机制

| 电力辅助服务分类 | 具体品种 | 补偿方式 | 固定补偿参考因素 |
|---|---|---|---|
| 有功平衡服务 | 一次调频 | 义务提供、固定补偿、市场化方式（集中竞价、公开招标/挂牌/拍卖、双边协商） | 电网转动惯量需求和单体惯量大小 |
| | 二次调频 | | 常规机组：维持电网频率稳定过程中实际贡献量；其他并网主体：改造成本和维持电网频率稳定过程中实际贡献量 |
| | 调峰 备用 转动惯量 爬坡 | | 社会平均容量成本、提供有偿辅助服务的投资成本和由于提供电力辅助服务而减少的有功发电量损失 |
| 无功平衡服务 | 自动电压控制 调相 | 义务提供、固定补偿、市场化方式（公开招标/挂牌/拍卖、双边协商） | 按低于电网投资新建无功补偿装置和运行维护的成本的原则 |
| 事故应急及恢复服务 | 稳定切机 | | 稳控投资成本、错失参与其他市场的机会成本和机组启动成本 |
| | 稳定切负荷 | | 用户损失负荷成本 |
| | 黑启动 | | 投资成本、维护费用、黑启动期间运行费用以及每年用于黑启动测试和人员培训费用 |

## 82　什么是电力容量市场？为什么要建立容量市场？

电力容量市场是政府设立的中长期规划市场，以可靠容量作为商品。而可靠容量的意义在于电力用户的需求能够时刻被满足。因为容量市场本质上是在成熟的电力市场进入电力需求平缓后，政府通过容量市场收益弥补单独电能市场收益对投资的刺激不足，而为边际电厂的设计的一种价格补偿机制，因此又称为电力容量补偿机制。

单独电能市场对于高峰容量投资刺激的不足体现为两个方面：收益的不稳定性和价格帽（现货批发市场可接受的最高价格）导致的市场价格扭曲。在收益的不稳定方面，例如，由于极端天气或重大事件引发的电网高峰负荷持续时间短并且难以预测，因此应对该高峰负荷所需要的可靠能量如仅依赖能量电价获取收益，则该收益必然不稳定。因此，高峰负荷时段价格必须极高才能保证这些容量投资得到回收并有所回报。如果能量市场的价格帽很高，那么发电企业可以通过短时间的高电价来获取高额利润，这有利于鼓励发电企业投资发电容量，此种情况下建立容量市场的必要性相对较小。反之，如果为保持市场稳定而将价格帽设的很低，发电企业因无法获取稳定收益（或短时的高收益）而缺乏投资的动力，此种情况下建立容量市场十分必要。具体而言，有必要建立某种基于管制或市场的向发电企业支付容量费用的机制，以稳定发电企业的收入并鼓励新的投资品种，最终达到保证长期电力供应充裕性的目的。

目前，在试点省份现货市场中价格帽普遍较低，这使得容量市场的建设迫在眉睫。建立容量市场能够实现电力发展速度和发展质量可控，提高电力供应的可靠性，提高电力项目的发电利用效率，有利于实现电力稳定发展并降低社会综合投资成本和投资风险。

## 83 什么是输电权？什么是输电权市场？

输电权按权利类型可分为物理输电权和金融输电权。市场主体只有获得了一定物理输电权后才能在电能交易中跨区域/节点输送一定量的电能。金融输电权赋予其持有者获得输电服务送达节点和注入节点间节点价格差对应的财务收益的权利。金融输电权依据交易品种可细分为点到点输电权和基于关键支路的输电权，依据行权方式可分为期权型输电权和责任型输电权。物理或金融输电权具有保证电力传输可行性和锁定输电费的功能。目前大多数成熟电力市场中的输电权为金融输电权。

物理输电权和金融输电权的目的不尽相同。物理输电权通过赋予市场主体跨区域/节点的输电能力，保证中长期交易合同在调度过程中满足由于电网输电容量有限而产生的电网约束，从而使调度机构能够在不影响输电网络的安全的前提下，保证各电力市场主体利益最大化。

相对的，金融输电权为节点价格机制和网络阻塞导致的电价的空间不确定性提供了对冲机制，并参与解决了阻塞盈余的分配问题。在引入节点价格机制的市场中，市场主体基于不同节点的边际电价来支付阻塞盈余费用。当网络没有发生阻塞，即输电通道仍有剩余容量时，无节点价格差，因此不产生阻塞盈余费用。当发生阻塞时，市场主体需要支付阻塞盈余费用，并且阻塞盈余费用随着节点电价差值的增加而增加。但如果市场主体获得了输电权，则调度机构在结算时会将这部分阻塞盈余费用退还给输电权的拥有者，从而规避了网络阻塞带来的风险。

输电权市场是针对输电权进行交易的中长期市场。在输电权市场中，通过拍卖或竞价的方式向有需要的市场主体提供一定的输电权。因此，输电权被设计为一种重要的电力交易产品，尤其在日前和日内交易市场中，起着十分重要的作用。

## 84 简述我国电力市场未来的发展方向。

根据国家能源局《关于加快建设全国统一电力市场体系的指导意见》要求，我国电力市场未来将是一个多层次统一电力市场体系，具体来看：

（1）国家电力市场将加快建设，现阶段充分发挥北京、广州电力交易中心作用。未来根据电力基础设施建设布局和互联互通情况，适时组建全国电力交易中心，成立相应的市场管理委员会，完善议事协调和监督机制。

（2）省（区、市）/区域电力市场建设会稳步推进。充分发挥省（区、市）市场在全国统一电力市场体系的基础作用，提高省域内电力资源配置效率，保障地方电力基本平衡。鼓励建设相应的区域电力市场，开展跨省跨区电力中长期交易和调频、备用等辅助服务交易，优化区域电力资源配置。

（3）各层次电力市场协同运行。有序推动国家市场、省（区、市）/区域电力市场建设，加强不同层次市场的相互耦合、有序衔接。条件成熟时支持省（区、市）市场与国家市场融合发展，或多省（区、市）联合形成区域市场后再与国家市场融合发展。推动探索组建电力交易中心联营体，并建立完善的协同运行机制。

（4）跨省跨区市场间开放合作有序推进。在落实电网安全保供支撑电源电量的基础上，推动将国家送电计划、地方政府送电协议转化为政府授权的中长期合同。建立多元市场主体参与跨省跨区交易的机制。加快建立市场化的跨省跨区输电权分配和交易机制。

到2025年，全国统一电力市场体系初步建成，国家市场与省（区、市）/区域市场协同运行，电力中长期、现货、辅助服务市场一体化设计、联合运营，跨省跨区资源市场化配置和绿色电力交易规模显著提高，有利于新能源、储能等发展的市场交易和价格机制初步形成。

到2030年，全国统一电力市场体系基本建成，适应新型电力系统要求，国家市场与省（区、市）/区域市场联合运行，新能源全面参与市场交易，市场主体平等竞争、自主选择，电力资源在全国范围内得到进一步优化配置。

## 85　什么是绿电？什么是绿证？什么是绿电交易？

绿电指的是在生产电力的过程中，它的二氧化碳排放量为零或趋近于零，因相较于其他方式（如火力发电）所生产的电力，对环境的冲击影响较低。绿电的主要来源为太阳能、风力、生质能、地热等，我国主要以太阳能及风力为主。

绿证即绿色电力证按照国家能源局相关管理规定，依据可再生能源上网电量通过国家能源局可再生能源发电项目信息管理平台向符合资格的可再生能源发电企业颁发的具有唯一代码标识的电子凭证。绿色电力证书自2017年7月1日起正式开展认购工作，认购价格按照不高于证书对应电量的可再生能源电价附加资金补贴金额由买卖双方自行协商或者通过竞价确定认购价格。风电、光伏发电企业出售可再生能源绿色电力证书后，相应的电量不再享受国家可再生能源电价附加资金的补贴。绿色电力证书经认购后不得再次出售，国家可再生能源信息管理中心负责对购买绿色电力证书的机构和个人核发凭证。

绿色电力交易是在现有中长期交易框架下，设立独立的绿色电力交易品种，积极引导有绿色电力需求的用户直接与发电企业开展交易，绿色电力在电力市场交易和电网调度运行中优先组织、优先安排、优先执行、优先结算，通过相关政策措施激励用电侧购买绿色电力的积极性。参与绿色电力交易的市场主体，近期以风电和光伏发电为主，逐步扩大到水电等其他可再生能源，绿色电力交易优先安排完全市场化上网的绿色电力，如果部分省份在市场初期完全市场化绿色电力规模有限，可考虑向电网企业购买政府补贴及其保障收购的绿色电力。简单而言，用户可以通过电力交易的方式购买风电、光伏发电等新能源电量，消费绿色电力，并获得相应的绿色认证。

## 86  什么是优先发电和优先购电？

自2015年中发9号文印发以来，国家推动发用电计划放开，建立优先发电优先购电制度，印发了一系列政策文件。其中配套文件《关于有序放开发用电计划的实施意见》指出，建立优先发电优先购电制度。

优先发电是指按照政府定价或同等优先原则，优先出售电力电量。优先发电容量通过充分安排发电量计划并严格执行予以保障，拥有分布式风电、太阳能发电的用户通过供电企业足额收购予以保障，目前不参与市场竞争。优先发电适用范围：为便于依照规划认真落实可再生能源发电保障性收购制度，纳入规划的风能、太阳能、生物质能等可再生能源发电优先发电；为满足调峰调频和电网安全需要，调峰调频电量优先发电；为保障供热需要，热电联产机组实行"以热定电"，供热方式合理、实现在线监测并符合环保要求的在采暖期优先发电,以上原则上列为一类优先保障。为落实国家能源战略、确保清洁能源送出,跨省跨区送受电中的国家计划、地方政府协议送电量优先发电;为减少煤炭消耗和污染物排放,水电、核电、余热余压余气发电、超低排放燃煤机组优先发电,以上原则上列为二类优先保障。各省(区、市)可根据本地区实际情况,按照确保安全、兼顾经济性和调节性的原则,合理确定优先顺序。

优先购电是指按照政府定价优先购买电力电量,并获得优先用电保障。优先购电用户在编制有序用电方案时列入优先保障序列,原则上不参与限电,初期不参与市场竞争。优先购电适用范围包括:一产用电,三产中的重要公用事业、公益性服务行业用电,以及居民生活用电优先购电。重要公用事业、公益性服务包括党政军机关、学校、医院、公共交通、金融、通信、邮政、供水、供气等涉及社会生活基本需求,或提供公共产品和服务的部门和单位。

## 87  什么是交叉补贴?为什么会出现交叉补贴?

交叉补贴指的是因商品定价造成的一部分用户对另外一部分用户的补贴。具体到我国的电价,大致存在以下三类交叉补贴:①省(自治区、直辖市)内发达地区用户对欠发达地区用户的补贴;②高电压等级用户对低电压等级用户的补贴;③大工业和一般工商业用户对居民和农业用户的补贴。

作为公用事业部门之一,电力行业有其公益属性,出于社会稳定的考虑，同时为了兼顾社会公平，实现电力普遍服务，政府价格主管部门一方面会在地区之间、电压等级之间调剂电价，以降低欠发达地区、低电压等级用户的电费负担；另一方面会在居民和工商业之间调剂电价，以降低居民生活用电价格，这就是交叉补贴的成因。

## 88  什么是分时电价机制？为什么要出台分时电价机制？

分时电价机制是基于电能时间价值设计的，是引导电力用户削峰填谷、保障电力系统安全稳定经济运行的一项重要机制安排。分时电价机制又可进一步分为峰谷电价机制、季节性电价机制等。峰谷电价机制是将一天划分为高峰、平段、低谷，季节性电价机制是将峰平谷时段划分进一步按夏季、非夏季等作差别化安排。

电能尚无法大规模储存，生产与消费需要实时平衡，不同用电时段所耗用的电力资源不同，供电成本差异很大。在集中用电的高峰时段，电力供求紧张，为保障电力供应，在输配环节需要加强电网建设、保障输配电能力，在发电环节需要调动高成本发电机组顶峰发电，供电成本相对较高；反之，在用电较少的低谷时段，电力供求宽松，供电成本低的机组发电即可保障供应，供电成本相对较低。通过对各时段分别制定不同的电价水平，使分时段电价水平更加接近电力系统的供电成本，以充分发挥电价信号作用，引导电力用户尽量在高峰时段少用电、低谷时段多用电，从而保障电力系统安全稳定运行，提升系统整体利用效率、降低社会总体用电成本。

89    什么是电网企业代理购电？为什么要出台代理购电机制？

代理购电是指原执行大工业或一般工商业及其他用电价格且暂未直接参与市场交易的工商业用户，由电网企业以代理方式从电力市场进行购电。

为了保障电力安全供应、加快推动电力市场化改革，国家发改委研究出台了进一步深化燃煤发电上网电价市场化形成机制，一方面有序放开全部燃煤发电电量进入市场，另一方面推动工商业用户全面进入市场。

考虑到我国有近5000万户的工商业用户，一次性全部进入市场比较困难，为了确保电价改革政策平稳实施，国家发改委研究制定了电网企业代理购电机制，对于尚未直接进入市场的工商业用户暂由电网企业代理购电，当用户具备自主进入市场的时候可以选择进入市场。

通过建立代理购电机制，一方面不会影响用户的用电方式，确保用户在无能力无条件进入市场的情况下由电网企业代理购电，另一方面代理购电的用户能够通过电网企业实时感受市场价格波动信号，合理调整用电行为。

**碳交易市场类**

90    什么是碳排放配额和国家核证自愿减排量？如何获得？

碳排放是指煤炭、石油、天然气等化石能源燃烧活动和工业生产过程以及土地利用、土地利用变化与林业等活动产生的温室气体排放，以及因使用外购的电力和热力等所导致的温室气体排放。

碳排放配额（简称碳配额）是政府分配给控排企业指定时期内的碳排放额度，1单位配额相当于1吨二氧化碳当量。国家发改委制定国家配额分配方案，省发改委制定行政区域内分配指标，报国家发改委确定后实施。其特点为：从无偿分配到有偿使用，但不会足额发放；配额分配自上而下分配，从中央到地方，地方再分配到企业，最后由地方政府决定。配额分配基准包括历史排放法和行业基准值法，包括欧美大多用历史排放法，因为更容易监测和操作。

企业碳排放配额的确定方式分为基准线法（即按行业基准排放强度核定碳配额，多适用于生产流程及产品样式规模标准化的行业）和历史排放法（按照控排单位的历史排放水平核定碳配额，多适用于生产工艺产品特征复杂的行业）。按照是否收费，又分为免费分配和有偿分配两种。现阶段以免费分配为主，未来全国将逐步提高有偿分配的比例。

国家核证自愿减排量（CCER）是指依据《温室气体自愿减排交易管理暂行办法》的规定，经国家发改委备案并在国家注册登记系统中登记的温室气体自愿减排量，单位为"吨二氧化碳当量"。

能够产生CCER的项目主要包括风电、光伏、水电、生物质发电等，但前提是必须具有"额外性"（项目所带来的减排量相对于基准线是额外产生的），且有适用的"方法学"（经国家发改委备案认可的用以确定项目基准线、论证额外性、计算减排量、制定监测计划等的指南）。

## 91 什么是碳交易市场？建设的背景是什么？包含哪些要素？

1997年《京都议定书》的签订，规定包括二氧化碳在内的温室气体的排放行为要受到限制，由此导致碳的排放权和减排量额度（信用）开始稀缺，并成为一种有价产品，称为碳资产。不同国家和地区之间同一减排单位在存在着不同的成本，各区域之间的碳资产需求和供应能力也存在很大差别，碳交易市场由此产生。每年履约季，控排企业为避免超额排放带来的处罚，排放配额不足的企业除可向拥有多余配额的企业购买排放权外，碳市场还也存在一种抵消机制，允许企业购买一定比例的CCER来等同于配额进行履约。

碳交易市场的原理是政府将碳排放量达到一定规模的企业纳入碳排放管理，在一定的规则下向企业分配年度碳排放配额。企业的配额不够用，就需要自掏腰包到碳排放权交易市场去买；如果企业节能减排做得好，分配的碳配额用不完，就可以到市场上卖掉获取收益。

碳交易市场的主体主要有三类：政府、控排企业和减排企业。政府负责碳市场的政策制定，包括制定配额分配方案、核查技术规范及排放报告管理办法等，对企业履约情况进行监督、清缴；控排企业指的是行业内年度温室气体排放量达到2.6万吨二氧化碳当量（综合能源消费量约1万吨标准煤）及以上的企业或者其他经济组织。这些企业根据减排成本和配额价格采取自身减排的方式，或在市场购买配额，定期汇报排放数据，接受核查审定，并定期按照实际排放清缴配额；减排企业是指通过自身节能减碳行为而拥有剩余碳配额或获得CCER（即我国核证自愿减排量，1单位CCER可抵消1吨二氧化碳当量的排放量），通过在碳市场卖出多余配额或生产CCER获得额外收益。

根据流程不同，碳市场（见图3.1）可分为一级市场与二级市场：一级市场主要完成总量的设定、碳配额的分配以及核证减排量的备案，二级

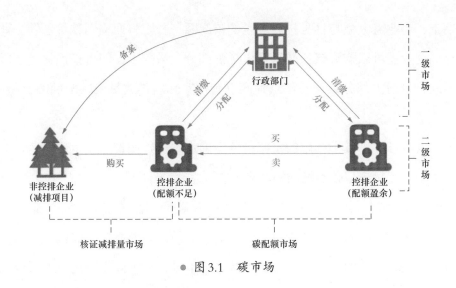

一级市场

二级市场

备案

清缴

分配

行政部门

清缴

分配

买

卖

购买

非控排企业
（减排项目）

控排企业
（配额不足）

控排企业
（配额盈余）

核证减排量市场

碳配额市场

● 图3.1　碳市场

市场主要进行碳配额和核证减排量的交易。此外，碳市场通常还包括为企业提供各类减排服务（如咨询服务、交易服务）的服务市场，但一级市场与二级市场是碳市场的核心。

根据2030年"碳达峰"目标，2021~2030年逐步完善全国碳市场。在初期发电行业碳市场稳定运行的前提下，再逐步扩大市场覆盖范围，丰富交易品种和交易方式，并探索开展碳排放初始配额有偿拍卖、碳金融产品引入以及碳排放交易国际合作等工作。

## 92　碳市场运行机制是怎样的?

碳市场运行机制可以概括为总量设定、配额分配、交易及违约惩罚四个部分：由行政部门或组织设定域内一定周期内的碳排放总量，并将其分配给控排企业；而后，企业可根据自身排放需求，对碳配额进行交易；周期末，企业需上缴与自身排放等量的碳配额，否则将面临罚款等惩罚。此外，企业还可以购买核证减排量以抵消部分上缴需求，但可抵消比例通常不高，目前大部分碳交易试点地区以企业实际碳排放量或碳配额的5%作为抵消上限。

碳市场促进减排作用的发挥可分为确定碳价、调整企业生产经营行为两步。与此对应，碳市场的核心有两点。

（1）设置适当的总减排量，形成有效碳价。在碳市场中，各企业获得碳配额后，将因边际减排成本不同开展交易，并形成最终碳价。边际减排成本低于碳价的企业，通过增加减排技术投入等手段支持生产，形成碳配额供给；而边际减排成本高于碳价的企业，则通过购买碳配额的方式支持生产，形成碳配额需求。在边际减排成本递增、碳配额总量给定的条件下，供需双方最终能够达成均衡，最终确定碳价。理想状态下的碳价，应能实现减排成本最小化与社会福利最大化。而在实践中，则表现为碳价的相对合理，既不因碳配额供给过少、碳价过高产生过大的负面效果，如大幅增加企业经营压力、损害经济发展等；又不因碳配额供给过多，碳价过低导致企业忽视减排，损害减排效果。

（2）保障碳价的相对稳定，令企业能够据其调整生产经营决策，实现市场有效减排。理论上，碳市场是通过碳价影响企业的生产及减排行为的。然而企业的生产经营决策调整，不仅取决于当前碳价，同时取决于对碳价的预期。如果碳价大幅波动，企业不具有稳定的碳价预期，则无法确定进行减排投入还是购买碳配额以支持生产，甚至无法确定应生产还是停工，碳市场通过定价推动减排的作用难以发挥。

## 93 简述碳交易市场发展历史。

碳市场起源于排放权交易市场。我国的碳交易起步于清洁发展机制，通过接受发达国家资金和技术，展开减排项目合作，并在此基础上发展了我国自愿减排交易市场和碳排放权交易体系。

我国碳交易市场分为全国碳市场和地方碳市场两级。全国碳市场的碳排放权注册登记系统由湖北省牵头建设、运行和维护，交易系统由上海市牵头建设、运行和维护，数据报送系统依托全国排污许可证管理信息平台建成。全国碳市场第一个履约周期纳入发电行业重点排放单位2162家，覆盖约45亿t二氧化碳排放量，是全球规模最大的碳市场。

从2011年决定建立试点碳市场，我国碳市场发展主要经历了地方试点、全国市场准备、全国市场建设和完善三个阶段。

（1）地方试点阶段（2011年至今）。2011年，国家发展改革委发布《关于开展碳排放权交易试点工作的通知》（发改办气候〔2011〕2601号），确立两省五市（北京市、天津市、上海市、重庆市、深圳市、广东省、湖北省）共7个国内碳排放权交易试点。2013年，"两省五市"自2013年起相继启动碳排放交易试点，运行至今积累了宝贵经验，为全国碳市场的建设奠定了良好的基础。

（2）全国市场准备阶段（2013～2017年）。2013年11月，建设全国碳市场被列入全面深化改革的重点任务之一。2014年12月发布的《碳排放权交易管理暂行方法》确立了全国碳市场总体框架。2017年12月，《国家发展改革委关于印发〔全国碳排放权交易市场建设方案（发电行业）〕的通知》（发改气候规〔2017〕2191号）发布，标志着全国碳市场完成总体设计、正式启动。

（3）全国市场建设和完善阶段（2017～2021年）。2018年为全国碳市场的基础建设期，完成全国统一的数据报送系统、注册登记系统和交易系统建设。2019年是模拟运行期，开展发电行业配额模拟交易，全面检验市场各要素环节的有效性和可靠性。2020年则进入深化完善期，在发电行业交易主体间开展配额现货交易，交易仅以履约为目的。2021年2月1日起，《碳排放权交易管理办法（试行）》[生态环境部令（第19号）] 开始施行，标志着全国碳市场的正式启动。2021年7月16日，全国碳市场正式开市。

## 94　碳排放权交易的政策要点主要有哪些？

为推进生态文明建设，更好地履行《联合国气候变化框架公约》和《巴黎协定》，在碳减排行动中充分发挥市场机制作用，生态环境部制定了《碳排放权交易管理办法（试行）》（以下简称《办法》），包含总则规定、排放配额管理、排放交易、排放核查与排放配额清缴、监督管理、责任追究、附则七个章节，共五十一条规定。

（1）《办法》对生态环境部和省级生态环境部门的职责划分进行了明确和细化。生态环境部主要负责市场总体建设，包括全国碳市场覆盖温室气体种类和行业范围确定、注册登记机构和交易机构建设、技术规范制定、配额总量确定与分配方案确定等内容。省级生态环境部门主要负责市场建设的推进和管理，包括开展碳排放配额分配和清缴、温室气体排放报告核查、确定重点排放单位名单等内容。

（2）《办法》规定了全国碳排放权交易的产品、主体、方式和初始分配方法。初期交易产品为碳排放配额；主体为重点排放单位以及符合国家有关交易规则的机构和个人；方式包括协议转让、单向竞价以及其他符合规定的方式；初始配额分配以免费分配为主，可适时引入有偿分配。

（3）《办法》规定了重点排放单位违反规定的处罚方式。对于虚报、瞒报温室气体排放报告的重点排放单位，处一万元以上三万元以下的罚款；对于未按时足额清缴配额的重点排放单位，处两万元以上三万元以下的罚款。逾期未改正的，省级生态环境主管部门还将在下一年度碳排放配额中对虚报、瞒报、欠缴部分配额进行等量核减。

## 95　碳市场和绿色电力证书市场有何异同？两者之间有怎样的联系？

绿色电力证书市场简称绿证市场，是绿色电力证书自由交易买卖的市场。绿色电力证书是对可再生能源发电方式进行确认的一种凭证，绿色电力证书代表一定数量的可再生能源的发电量。

碳市场和绿证市场都是促进能源清洁低碳发展、实现碳中和的重要手段。两个市场设计思路均是在既定的控制总量目标下，通过分配的方式确定各主体的碳配额或可再生能源消纳责任。但是，碳市场和绿证市场在目标定位、运作机理、市场主体等方面存在着明显差异（见表3.2）。

▼ 表 3.2 　　　　　　　　　　碳市场和绿证市场的区别与联系

| 市场 | | 碳市场 | 绿证市场 |
| --- | --- | --- | --- |
| 目标定位 | | 为促进温室气体减排所设计的市场机制 | 对绿色电力能源属性的认证，其主要目的是用来体现绿色电力的化石能源替代、环境保护等社会边际收益。我国现有自愿认购绿证机制，还兼具缓解可再生能源补贴压力的作用 |
| 区别 | 运作机理 | 由国家设定碳排放控制总量，限额向企业分配排放权，企业可根据自身排放情况在碳市场中购买配额完成减排目标，或将富余的排放配额在市场中出售获利。若企业未足额清理缴碳排放配额，则需要上缴相应的罚款。通过碳市场可对碳排放总量进行控制，同时通过市场机制推动企业以更加灵活的方式和最低的减排成本来实现减排目标 | 由国家设定清洁能源消纳总量，并明确各主体的消纳责任，同时根据清洁能源实际发电量颁发绿色证书，消纳责任主体通过购买绿色证书落实消纳责任。通过绿证市场对可再生能源进行额外补贴，能够进一步促进可再生能源的开发利用，优化能源结构 |
| | 主体市场 | 卖方是拥有富余碳排放权的低排放企业，买方是分配排放权不足以涵盖实际排放量的高排放企业 | 卖方是可再生能源发电企业，买方是电网公司、火电企业、售电公司、高耗能企业等可再生能源消纳责任主体 |
| 联系 | | 一方面，作为可再生能源消纳责任主体，火电企业需要在绿证市场购买绿色证书履行消纳责任；另一方面，高排放火电企业需要在碳市场购买配额以避免高额罚金，低排放火电企业可通过出售富余配额获得收益。不论是碳市场还是绿证市场，都将直接影响发电企业的运营成本，进而影响其在电力市场中的交易决策。例如，高碳价理应提升火电的边际成本，进而在火电成为边际机组时，推升电力市场的价格；同理，绿电市场将有助于绿电于能量市场外获取收益，绿电在参与能量市场交易时为保证调度而报低价，进而压低电力能量市场的价格 | |

## 96　如何开展碳资产管理?

控排企业可以下方面进行碳资产管理:

(1)碳排放摸底。企业应做好碳排放数据统计和核查等基础性工作,通过"测量、报告与核查"等程序,深入了解自身的碳排放情况。

(2)确定减排路径。在碳排放摸底的基础上,通过对减排潜力、成本效益等进行测算,弄清楚诸如"上减排项目降低排放"还是"购买排放配额或CCER"等问题,综合确定企业实施减排的重点或优先领域。

(3)CCER开发和储备。国家发改委《温室气体自愿减排交易管理暂行办法》为开发国内自愿减排项目、参与自愿减排交易提供明确指导。控排企业除了继续挖掘CCER项目的开发潜力,还可探索新的方法学、拓展减排项目领域。

(4)实现碳资产增值。一方面可以通过发展低碳技术等手段降低排放,另一方面也可以通过参与市场交易实现碳资产增值,如高抛低吸、波段操作,或购买CCER置换配额。

## 97　电网企业碳排放测算包含哪些因素? 如何计算?

早在2011年,国家发展改革委组织编制了《中国电网企业温室气体排放核算方法与报告指南(试行)》,根据该指南内容,电网企业碳排放:一是广泛应用于断路器、电流互感器等开关设备的六氟化硫,其温室效应相当于二氧化碳的23900倍,现阶段主要通过建设六氟化硫气体回收和净化设施进行回收处理,作为替代的氟酮混合气体也正在部分电气设备中推广；二是电能输送产生的线路损耗，这是电网碳排放的主要来源，也是电网企业自身低碳转型的重点。电网企业可以通过提升技术水平、升级改造、合理规划等方式降低线损，或通过源网荷储协同规划降低碳排放因子，降低电网碳排放。

具体计算公式为

$$E = E_{SF_6} + E_{loss}$$

式中：

$E$ ——二氧化碳排放总量（吨二氧化碳）；

$E_{SF_6}$ ——使用六氟化硫设备修理与退役过程中产生的六氟化硫排放，（吨二氧化碳）；

$E_{loss}$ ——输配电损失引起的二氧化碳排放总量（吨二氧化碳）。

## 98 电网企业减碳措施包括哪些？

立足于国有企业的使命和责任，积极落实国家碳减排政策，助力能源低碳转型和经济结构调整，积极支持和配合全国碳市场工作，推动碳市场发展，逐步建立完善公司碳管理体系，在保障电网安全稳定运行的基础上，全面推进电网节能减排和低碳发展，同时积极构建服务经济社会的"绿色"平台。

具体可以开展五方面的工作：

（1）加强与政府主管部门的沟通汇报。建议当前阶段促进电网公司发挥平台作用，以达到减排效果最大化的目的，待碳市场建设成熟后，再考虑使用更合适的配额分配方法，参与到市场交易中。

（2）开展全面、精确的碳盘查。将碳排查范围扩展到企业所有涉及碳排放的生产与办公环节之中，尽可能地摸清家底，理顺资产状况，为未来减排项目的开发、减排成效的评估等奠定坚实基础。

（3）构建完善的企业碳资产管理组织架构。加强企业各部门、各级单位在碳资产管理领域的协同，提升企业碳资产整体管理能力。各部门通过明确碳资产管理的内容和目标，完善组织机制建设，分阶段开展碳资产管理工作。

（4）加强技术攻关，推动低碳新技术应用。通过低损变压器、导线等设施设备替换，进一步降低电网传输过程中的电量损耗。加强$SF_6$气体应用的全过程管理，减少使用和回收过程中的逸散，推动非温室气体替代。提升办公环节的能效管理水平，增加清洁电力供应，减少建筑、交通、餐饮用能碳排。

（5）推动完善与电网企业相关的CCER方法学。通过完善相关方法学，充分体现电网对发电侧可再生能源消纳的贡献，以及对用电侧电能替代的引导效果，合理划分电力碳资产的核算边界，以利于电网企业通过全国碳排放权交易市场提升碳资产的管理和运营能力，进而推进电网对可再生能源的消纳。

## 99    碳市场对电力市场产生何种影响，如何协同？

碳市场排放控制并不要求按照电力现货每日的时间精度同步结算，只要达到一定时间内（例如一年）的排放目标即可，因此碳交易价格不会由于电力短时供需关系或电力现货价格的变化而发生较大变化，价格波动更多体现在长周期尺度。考虑碳排放成本后，高排放的小机组成本上升甚至出现亏损，但可以通过交易策略利用碳配额的价格波动抵消一部分亏损，或通过电力中长期市场中的发电权转来抵消亏损、甚至增加盈利，大容量火电机组也能获得更高发电权收益，同步实现了电力市场的资源优化配置，从而实现全社会福利最大化的目标。

纳入碳市场后，企业可供交易的产品不仅是电力或电量，还包括富余的碳排放配额和自愿减排量。为适应电力现货市场和全国碳市场的发展，发电企业需要思考电力或电量交易与碳交易组合并实现效益最大化。发电企业要在保证电力供应的同时履行排放配额指标，企业很可能还需要通过采取电厂技术升级改造、清洁能源发电技术等新技术实现减排目标，这些都将增加发电企业的技术成本和管理成本，进而影响电力现货市场中的报价行为，有可能推高电力现货市场价格。

未来碳排放权将成为稀缺资源，火电发展空间逐渐收紧，碳价将逐步推高火电成本，促使发电企业转向投资新能源，再加上新能源抵消机制的出台，将大大促进新能源装机的增长，叠加多重因素影响，电源结构和布局将进一步发生显著变化，需要设计更加灵活的市场机制以促进新能源的消纳。目前，广东电力现货市场中已有较为完备的价格上下限参数机制。而全国碳市场正处于快速起步发展阶段，碳市场的价格水平将直接影响规模大小、流动性强弱等要素，也会影响不同市场间的价格传导效果。因此，全国碳市场需要联动考虑对电源结构和电力市场的影响，合理确定市场交易价格区间等关键参数。

在两个市场协同方面，充分发挥两个市场优势互补作用，积极开展碳交易与绿电、绿证交易机制衔接等关键问题研究。具体可以从以下几个方面进行。

（1）研究我国电力市场改革背景下的碳交易市场机制设计理论，以我国电力市场的实际特点与省际间差异性为基础，明确省内/跨省区碳配额分配方式与碳交易组织方式，激活国内碳交易组织。

（2）通过对不同的交易标的、配额核算、结算方法等与电力市场协同的碳交易市场的相关参数进行建模，探索碳市场机制设计对电力市场均衡的影响，模拟不同机制下的市场结果，促进市场主体同时参与多市场的决策行为交互。

（3）组织开展"绿电+"交易试点，引入碳配额、绿证等交易品种，为用户提供"零碳认证"，促成两个市场实现互信、互认、互通，全面激发市场活力、降低资源配置成本，推动能源绿色低碳转型、产业优化升级。

## 100 碳市场发展背景下，电网企业如何积极融入？

电网企业降碳减排将对整个电力行业低碳转型产生显著的综合作用，有必要优化当前电网的碳排放核算体系，充分发挥电网在电力行业低碳转型过程中的平台效应与网络效应，以提高可再生能源消纳、推动绿色生产生活方式作为电力行业实现碳达峰、碳中和的路径与抓手。具体应从以下几个方面入手。

构建适用于电力碳排放的核算标准与方法学。新的核算标准与方法学应聚焦三个方面：一是充分体现电网对发电侧可再生能源消纳的贡献，以及对用电侧电能替代的引导效果，合理划分电力碳资产的核算边界；二是基于可再生能源装机容量的实际情况，重新测算区域电网碳排放因子，并逐步精确到省、市，以便为各地方政府制定更加科学的碳减排规划提供依据；三是改良CCER方法学中的额外性认定，减少项目可行性与额外性的论证矛盾，使CCER项目更符合电网实际。

发挥电网大数据优势，构建电力碳监测与追踪平台。电力碳排放核算是一项系统工程，基础在于准确掌握电力系统实时的碳排放数据，因此需通过大数据、云计算、物联网、人工智能等数字技术赋能电网，对风、光、水、火、气等不同能源发电、输电、用电全环节的碳排放数据精准进行监测与追踪，以实现对电力系统碳排放趋势的预测、碳达峰路径的评估。

推动建立碳排放权交易市场、可再生能源绿证交易市场、电力交易市场的联动机制。目前国内可再生能源绿证交易市场尚未完全形成，电网对可再生能源的超额消纳不能直接核算为电网企业的碳资产，可再生能源配额与碳配额可能会对发电企业形成重复约束。未来应着力探索上述市场的联动机制，使发电企业、电网企业的碳资产核算更合理、碳配额与CCER的交易价格更准确，并通过多个市场的联动促进可再生能源并网消纳，进而推动整个电力行业低碳转型。

升级电网规划思路和方案，协助降低电力行业减排成本。积极将碳排放约束引入电网规划过程中，依托电网企业规划能力，发展源网荷储协同优化，考虑气候变化、燃料价格波动、技术成本等深度不确定性。升级后的电网规划将在保证电力系统安全稳定的同时，缓解跨区域输电阻塞，提升电网平稳消纳波动性可再生能源的能力，进而降低电力系统减排的社会成本。

第四篇

# 实践篇

## 101　重庆市为什么推动构建新型电力系统?

落实国家"双碳"战略的需要。重庆目前的火电机组占发电装机超过60%,在碳达峰行动的有计划分步骤实施背景下,二氧化碳减排压力依然巨大。构建新型电力系统,加大煤电清洁化改造力度,大量引入外部清洁电源,挖掘本地清洁能源资源潜力,实现能源电力清洁低碳供给,是重庆能源转型的必然选择,是落实"双碳"战略的必由之路。

保障能源安全可靠供给的需要。重庆一次能源短缺,"贫煤少水,富气无油",是西部地区唯一能源净输入地。1/3电力和全部燃煤需要市外购入,自身资源难以支撑经济的高速增长。随着成渝地区双城经济圈建设,电力保供形势日趋严峻。亟需构建新型电力系统,加快建设特高压工程,积极外电入渝方案,推动形成多能互补能源供应格局,促进网源协调发展,以充足绿色电力供应服务高质量发展。

支撑电网安全经济发展的需要。重庆拥有全国最大的峰谷差。2021年日最大峰谷差占日最高负荷的比例最大达52.86%,年度最大的峰和年度最低的谷差72.86%,夏季降温负荷占比超50%,电网运行长期承压。亟需构建新型电力系统,科学合理布局抽蓄、气电等调峰资源,建设灵活互动体系,调动源荷双侧灵活性资源,实现源网荷储高效互动,减小峰谷差,提升电网安全经济运行水平。

服务终端多元绿色用能的需要。重庆新能源汽车发展迅速,储能电站加快布局,发用电一体的"产消者"大量涌现,终端负荷特性向柔性、生产与消费兼具型转变，系统复杂度显著增加。亟需构建新型电力系统，提升多元负荷灵活接入能力，支持储能、充电设施发展。推动电网服务数智升级，实施能效管理，引导电动汽车有序参与聚类负荷调节，增强电力用户的互动性和获得感。

## 102 国网重庆市电力公司建设新型电力系统的思路如何？

国网重庆市电力公司坚持以习近平新时代中国特色社会主义思想为指导，认真落实党中央"碳达峰、碳中和"总体战略布局，紧扣"四个革命、一个合作"能源安全新战略和国网公司"一体四翼"发展布局，按照"统一规划、科学布局、因地制宜、全域推进"的基本方针，以顶层设计为统领，以示范项目为抓手，坚定长期渐进、久久为功的信念，创新体制机制、推动科技突破、强化产业协同、锻造人才队伍，推动能源转型，争做国网系统领跑者和先行军。2035年，基本建成新型电力系统，电力行业实现碳达峰。2050年，全面建成新型电力系统，电力行业实现碳中和。

国网重庆市电力公司统筹内外资源，以构建"渝电特色、国网示范"新型电力系统为目标，提出了2025年前"$1+N+M$"发展体系，加快推动新能源发展、资源优化配置、能源高效利用、能源互联智能化、市场开放共享五个方面工作，打造清洁能源优化配置和消纳提升、能源互联网数字化水平提升等9大提升工程，开展特高压和500kV主网架建设、打造电网数字化平台、扩大可调节负荷资源库等28项重点任务。

2022年，细化分解形成"1+8+8"示范建设方案，致力于新型电力系统建设。

1：形成一个顶层设计总报告。

8：聚焦八大重点研究方向。即重庆新型电力系统建设远景目标、多元价值评估及科学评价体系研究，碳—电耦合机理与市场协调发展规划研究，"双碳约束"下重庆电网中长期发展路径规划研究，新型电力系统能源及电力安全研究，新型电力系统电网网架规划研究，重庆特色新型电力系统智慧配电网发展目标及建设方案研究，支撑新型电力系统建设的重庆电网数字化赋能发展策略研究，重庆负荷需求预测及需求侧响应潜力研究。

8：打造八个重点示范项目。即重点打造省级负荷聚类智慧互动示范平台、基于碳—电耦合关系的"碳排放双控"管理示范、长寿工业园智慧能源系统示范、渝中半岛全景感知山城电力动脉示范、礼—悦片区"故障零闪"智慧配电网示范、丰都全县清洁能源"可观可测可控"示范、广阳岛"一岛一湾"生态示范、南川景城乡"全域标杆"综合示范8个示范项目。

图4.1为国网重庆市电力公司新型电力系统研究示范体系。

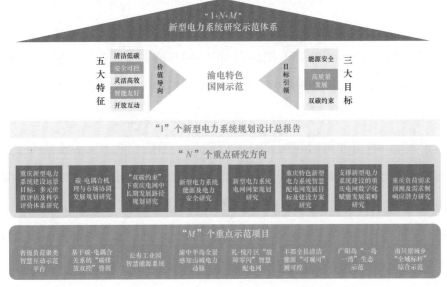

● 图4.1　国网重庆市电力公司新型电力系统研究示范体系

## 103 国网重庆市电力公司新型电力系统有哪些试点示范?

（1）省级负荷聚类智慧互动示范平台。一是搭建平台、聚类、资源"三层"调节架构；二是建立毫秒级、秒级、分钟级、日级"四类"聚类负荷资源池；三是采用精准控制和柔性调节"两种"手段逐步替代原有限电拉路和自动切大开关模式。建立全方位聚类互动负荷资源调节体系，推进电网从"源随荷动"转变为"源荷互动"，有效应对电力突发故障、供应缺口，促进清洁能源消纳，保障大电网安全和民生用电。

（2）基于碳—电耦合关系的"碳排放双控"管理示范。一是建设国网重庆市电力公司新能源云，整合能源大数据中心数据，新建"双碳"数据监测、分析及可视化展示平台，开展能源碳排放、碳流—电力流耦合关系研究，提升碳管理能力。二是开展高耗能企业碳排放曲线、电力耗能曲线实时在线监测研究，建立关联数据模型，在长寿经济开发区试点应用，实现园区碳排放精确可观、可测。三是加强向政府、企业宣传，推动新能源云、能源大数据中心广泛应用，拓展能源政策和信息接入，促进市内碳排放交易市场建设，构建多方合作共赢的新能源生态圈。

（3）长寿工业园智慧能源系统示范。一期整合能源大数据中心、新能源云两大平台，建成新能源云碳监测应用平台，实现6家试点企业碳排放精准监测、碳管理辅助评价、碳市场协同发展。二期全面推广自备电厂、可控负荷、储能站等参与负荷聚类，建成负荷聚类智能调度平台，拓展虚拟电厂响应范围。三期有序开展复合储能建设。新建晏家5MW/10MWh时锂电池综合储能系统，有效提高电网的系统动态稳定；

开展压缩空气/二氧化碳储能可行性研究,助力园区高效降碳,为电网提供充足调峰容量。

(4)渝中半岛全景感知山城电力动脉示范。一是在"两江四岸"区域电缆隧道、沟道内加装综合在线监控系统,涵盖全部防火分区分布式光纤测温、护层接地电流监测等多项功能。二是采用可感知电缆本体温度、位移、应力等信息的网络神经电缆,实现电缆本体状态可视化。三是加快实施渝中半岛智能开闭所、5G环网柜、朝天门码头港口岸电和解放碑磁器街单元、来福士标准化网架建设等工程。四是按照"三端、三体系、四阶段"路线,建设供服"云管家"系统,打造数字化渝中供电中心,助力营配业务融合。五是整合专业系统信息、电缆本体及隧道在线监测等数据,打造全景感知山城"地下电力动脉"3D立体监控体系。

(5)礼—悦片区"故障零闪"智慧配电网示范。一是搭建智慧保供平台,建成"站—线—所—户"设备状态全路径全息感知和风险预警功能。二是建设悦来、杨柳、沙沟等智慧变电站,实现重要变电站主设备状态实时监测。三是打造智慧输、配电通道,在外破高危点部署"外破绿色侦察兵",建设城市输配网通道多维感知,提升防控立体感知。四是打造智慧站房,强化开闭所智慧巡检建设,提升配网自动化水平和自愈能力。五是开发储能智能应用场景,提高终端负荷管控能力。在白云湖开闭所建设储能站,满足全时段可靠储能供给;挖掘片区可调负荷能力,建立动态可调负荷资源库。

(6)丰都全县清洁能源"可观可测可控"示范。一是依托配电自动化主站,实现全部光伏及5处小水电清洁能源状态精准感知、故障自动研判、设备安全管控。二是围绕梅塘湾码头集中打造集屋顶光伏、电动汽车充换电、港口岸电等元素为一体的绿色零碳码头。三是试点农光储助力乡村振兴，推进丰都农发集团养猪场屋顶光伏＋台区储能建设，灵活应对农业短时尖峰负荷需求。四是实施源网荷储智慧物联体系场景建设，开展能源需求和新能源出力预测，提供决策支撑。五是统一光伏入网标准，促进地方政府出台《屋顶光伏并网技术规范》，实现系统互联。

（7）广阳岛"一岛一湾"生态示范。一是创新绿电消纳机制，开展绿电交易，满足全时段全电量绿色用能需求；落实全岛电气化，实施智慧用能，打造低碳能源生态示范。二是高标准建设"一岛一湾"坚强配电网，推广节能低耗设备，实施基于5G技术的量子加密和配网差动保护建设，贯通配电自动化、用电采集、供服等系统数据，打造电网数智生态示范。三是依托能源大数据中心，建设智慧能源大脑，实现片区水、电、气、油等多种用能信息全景感知，岛内江水源、地热源、分布式储能、充电设施等数据实时监测，打造能源互联网生态示范。

（8）南川景、城、乡"全域标杆"综合示范。一是加强政企协同，推动大观园区路灯升级为"五合一"智慧路灯；配置充电桩，促进景区绿色低碳用能，同时充分挖掘片区风电资源，建设50MW风电。二是以姚家坝智慧变电站建设为核心，融合智慧线路及智慧台区，打造自主巡检无人机巢，打造输变配立体智慧城市电网。三是助力乡村振兴，打造绿色全电示范村及乡村智能家居示范点，结合区域特点，打造柔性配电网，低成本解决清洁能源消纳及偏远村落供电质量难题。四是协同产业单位或综能公司，推动工业园区光伏发电、集中供能、智慧楼宇等试点项目。

## 104 外电入渝的路径规划如何？重庆本地清洁能源开发预期如何？

目前，外电入渝主要指川电入渝、疆电入渝、藏电入渝。川电入渝具体是指1000kV川渝特高压交流工程，目前该项目已在推进前期工作，预计于"十四五"期间正式投运，实现川渝电网一体化发展；疆电入渝具体是指±800kV哈密北—重庆特高压直流工程，目前该项目已在推进前期工作，预计于"十四五"期间开工建设；藏电入渝具体是指西藏特高压直流入渝工程，该工程目前正在谋划中，待纳入相关规划。

本地清洁能源开发方面，截至2021年底，重庆全市风电装机容量为165万kW，光伏装机容量为63万kW。结合全市"十四五"可再生能源规划、渝东北新能源开发规划研究等相关成果，"十四五"期间规划风、光最大规模合计约550万kW，其中渝东北七区县400万kW，其他地区合计约150万kW。目前，重庆市水电资源已基本开发完毕，地热、石油资源因条件不足或储备不足不具备大量开发条件，核能因国家政策的不确定性、对市内环境安全造成潜在威胁，暂未规划，重庆市天然气储量丰富，氢能源发展潜力巨大，可在技术成熟后作为远期电力来源。

## 105 国网重庆市电力公司在新型电力系统建设中数字化转型实施路径是什么？

面向未来，重庆电网顺应能源革命与数字革命相融并进发展大势，通过广泛应用大数据、云计算、物联网、人工智能等信息技术改造传统电网，使电网具备广域感知能力、智能决策能力和智慧运营能力，实现电网生产、经营、管理等核心业务数字化转型，电网向更加安全、更加清洁、更加智慧、更加友好的能源互联网升级。

以云计算、大数据、人工智能、边缘计算等新一代数字化技术为驱动力，以数据为核心，坚持架构中台化、数据价值化、业务智能化，打造精确反映、状态及时、全域计算、协同联动的新型电力系统数字技术支撑体系，推动能源流、信息流、价值流与碳流的"四流"有机融合，提升电网可观可测可控能力，构建形成数字智能电网，高质量推进新型电力系统建设。

（1）强化全域数据采集。随着分布式电源、多元负荷和储能设施的快速发展，新型电力系统的运行主体需要实时采集和高效处理海量设备的状态、特征数据。

一是增强数据多维采集能力，全面提升设备本体和采集装置的数字化、智能化水平，按照"最小化精准采集 + 数字系统计算推演"的技术路线，构建全景电网智能传感网络。通过物联管理平台，形成企业级统一物联接入能力，实现各类感知设备全局统筹、共建共享。二是提升信息联通汇聚能力，灵活采用光纤、5G 等混合通信方式，实现安全高效传输。统一汇聚控制系统和信息系统全环节量测数据，打造企业级实时量测中心和历史量测中心，保障电网资源资产信息同源，通过数字系统实时计算推演和分析拟合，实现实体电网在数字空间的实时动态呈现。建设能源大数据中心，接入内外部能源数据，支持碳管理、绿电交易、数据增值服务等业务开展。

（2）提升平台支撑能力。新型电力系统的电源结构、电网形态更加复杂，需要基于强大算力和智能算法对海量数据进行实时处理，实现对系统的灵活协调控制，运用数字化技术提高发、输、变、配、用各环节转换效率和可靠性。

一是强化基础支撑平台，优化多云并行和分布式计算能力，构建资源全局共享、动态分配的超大规模企业级云端计算和存储能力。提升边缘算力，推动构建云边端协同计算平台。优化算法模型，提升新型电力系统动态精准分析和智能辅助决策能力。二是夯实业务应用平台，进一步释放"技术＋管理"双轮驱动作用，推动新能源云平台、负荷聚类智慧互动平台、配电自动化平台以及其他业务系统的信息互通、融合应用，促进发输配用各领域、源网荷储各环节、电力与其他能源系统协调联动，实现电网规划投资更精准、设备管理维护更经济、企业精益管理更高效、客户用电服务更优质，促进电网高质量发展行稳致远。

（3）赋能企业智慧运营。厚植"数字"基因，创新"平台＋数据＋生态"业务新模式，以新型电力系统生态圈为主体，实现用能更多元、人机更互动、服务更个性，加快推动企业数字化转型，提升企业智慧运营和优质服务能力。

一是加快数据要素流通，加强与产业链上下游协同合作，推动新能源云、能源大数据中心接入各类能源数据，充分利用电网企业在算力、算法和数据资源上的优势，汇聚能源全产业链信息，为政府和社会提供全方位支撑服务。引导能量、数据、服务有序流动，构建能源数字生态圈，支撑各类智慧能源产品和业务创新。二是稳步培育新兴业务，以电力数字平台服务推动上下游企业供需匹配、资源共享，促进产学研用深度结合，加快孕育能源数字经济新业态新模式。进一步培育电力交易和碳交易融合服务，创新碳资产管理业务模式和商业模式，充分释放电、碳数据融合赋能效应，全面发挥碳市场和电力市场协同互补作用，促进能源产业绿色转型。

### 106　重庆电能替代典型案例有哪些？

近年来，重庆能源更加清洁低碳，"十三五"期间累计完成电能替代108亿kWh，减少二氧化碳排放862万t。重庆践行绿色发展理念，努力推动电能替代，实现了经济效益、社会效益、环境效益的"多赢"。如今，从机场"油改电"，到港口岸电，再到CBD"水空调"，重庆的电能替代已经覆盖了市民生活的各个方面，为人们创造了更加宜居的城市环境。

聚焦生产制造、基础设施、农业生产、居民生活、公共服务为重点领域的电能替代，重庆打造了页岩气"以电代油"全电气化开采、电火锅全产业链等一大批电能替代项目。"十四五"期间，国网重庆电力经营区替代电量预计达到70亿kWh。

以港口岸电建设为例，从朝天门到巫山神女溪港，长江三峡游重庆段已建成12个泊位的港口岸电。泊位分别配置了1250kVA的用电容量，国网重庆电力首次应用"离岸浮动式"的岸电技术方案，变压器及配套设施均"安家"在江面的浮趸上，解决了供电距离长、向大负荷游轮供电质量不佳的问题，可同时满足24艘游轮靠港期间可靠供电，实现以电代油，更好地保护长江流域生态环境。2022年国网重庆市电力公司还将新建涉及53个泊位共28个港口岸电项目，助力长江大保护。

### 107　国网重庆市电力公司在负荷聚类上有何成果？

目前，国网重庆市电力公司高度重视负荷聚类工作，紧密结合"渝电特色、国网示范"新型电力系统建设，通过搭建平台、聚类、资源"三层"调节架构以及毫秒级、秒级、分钟级、日级"四类"负荷资源池，采用精准控制和柔性调节"两种"手段逐步替代原有限电拉路和自动切大开关模式。通过挖掘资源点、理顺聚类线、打造平台面，建立全方位负荷聚类智慧互动平台体系。

（1）毫秒级。毫秒级负荷资源池由12户工商业用户构成，预计负荷规模为2.5万kW，均为新建。

（2）秒级。秒级负荷资源池由389户工商业用户组成，预计负荷资源为62万kW，其中2022年改造160户，改造量17.4万kW。

（3）分钟级。分钟级负荷资源池由签约实时需求响应协议的工业用户及公共建筑非工空调（包括商场、写字楼、企事业单位等）67户组成，预计负荷资源为7.64万kW，其中2022年改造26户（公共建筑非工空调），改造量1100.44kW。

（4）日级。日级负荷资源池涉及已纳入有序用电方案的工业专变用户1352户，已安装230终端工业专变用户412户，限电能力10.5万kW。2022年改造用户940户，实现片区全覆盖，改造资源池15.54万kW，累计资源池负荷为26.04万kW。

---

**108** 国网重庆市电力公司在能源大数据应用上有何实践？大数据应用产品有哪些？

从2019年8月起，国网重庆市电力公司在重庆市能源局指导下，与重庆市油气交易中心全面深入合作，开展"1+N"的能源大数据中心体系建设模式。"1"指重庆市能源大数据中心，汇集全市和各区（县）宏观数据，重点对全市能源生产、消费以及行业发展情况进行宏观监测与分析，辅助政府决策；"N"指区县级能源大数据中心，汇集区县宏观数据和用户侧明细数据，开展能源数据汇聚、产品孵化和资产运营等能源数字经济服务。

2021年11月25日，重庆市江北区能源大数据中心建设投运，至此，由国网重庆市电力公司承担的1个市级、38个区县级能源大数据中心已全面建成，形成市、区（县）一体化服务格局。该中心通过分析全市能源生产、消费以及行业发展现状，支撑各行各业新产业、新业态、新模式发展，服务政府现代化治理，持续为智慧城市和社会经济发展赋能。

重庆能源大数据中心已接入重庆市新能源基础设施及电动汽车平台、重庆市综合能源监测平台、铜梁区社会治理创新中心，以及燃气、水务等外部系统13个，建设能源数据分析可视化系统54套，面向政府累计提供综合用能分析报告123次，完成GDP增速与区域碳排放增速等29项分析；疫情防控期间，中心为各级政府提供区域、行业、重点企业的用能监测分析报告，确保政府面向企业复工复产计划精准施策，展现能源智库作用；建设多厅合一应用场景，在便民服务大厅提供多种能源办理流程、价格实时走势等服务，实现水电气业务一站式办理，发挥能源助手作用；助力社会安全治理，与社会治理创新中心实现视频数据互联互通；面向高能耗企业的综合用能改造，开展"用能贷"授信服务，助力中小企业贷款。

大数据应用产品可分为三大类，包括：

（1）服务银行产品。

1）数据分析服务。在客户授权的前提下，实时获取客户的用电量、缴费金额等维度数据，向金融机构提供信贷反欺诈、授信辅助、贷后预警等全流程数据分析服务，降低信贷业务运营成本和业务风险。

2）助贷咨询服务。基于用户星级评价、用电特征、违约行为等维度，建立风控初筛模型，筛选电力助贷白名单，为金融机构推荐优质贷款需求客户。

（2）服务环保产品。围绕重点污染企业、工业园区、施工工地、污染处理企业等分析对象，形成排污地图查询、企业每日排污情况分析、停限轮产企业生产情况监控、污水处理厂生产情况监控、典型企业治污设备监测等7个应用场景功能，通过外网网站提供各场景查询分析、异常预警服务和线下个性化定制报告服务，为各级生态环境局开展监管及执法工作提供有力支撑。

（3）服务地产产品。从地产投资、商业运营、物业开拓三个方面，开发小区成熟度、空置情况、入住情况和群体用户画像等42个应用场景，实现数据标准查询、自定义板块查询、横向对比分析三大功能。通过外网网站提供线上查询分析服务和线下个性化定制报告。目前产品已覆盖主城32个板块、16个商圈、2000余个小区，可根据各单位推广情况进一步拓展覆盖面。

## 109　北京市如何构建新型电力系统？

国网北京市电力公司以服务首都率先实现"碳达峰、碳中和"为目标，以能源互联网建设为关键，以源网荷储协同发展为重点，以改革创新为动力，力争打造"站点、园区、社区、片区"多层级的首都新型电力系统创新示范区，到2025年，实现新能源电量占比达22%，电能在终端能源消费中的占比达50%，可调节负荷规模达到最大负荷的5%。

具体举措方面，制定5方面22项重点工作。坚持"五个着力"、提升"五个水平"，即着力多渠道开源引绿电，提升能源供给低碳化水平；着力打造坚强智能电网，提升能源优化配置水平；着力推动深度电能替代，提升能源消费电气化水平；着力增强源网荷储互动能力，提升能源高效利用水平；着力加强新型电力系统科技攻关，提升能源电力科技创新水平。以"十四五"规划为引领，依托环京特高压骨干网架不断优化500kV环网支撑、220kV分区运行、110kV链式接线的坚强结构，持续提升资源配置能力。紧扣城市更新行动，加快城乡配电网改造升级，建设分布式微电网，支撑各类能源设施便捷接入。以数字技术为传统电网赋能，提升电网全息感知能力和灵活控制能力，加快推动首都电网向能源互联网升级。促进源网荷储协调互动，服务环京调峰支撑电源项目建设，完善规模化储能设施应用，健全需求响应辅助服务市场和价格引导机制，全面提升系统的调节能力。

在技术创新方面，聚焦北京电网外受电比例高、供电可靠性要求高、电能替代率高、地下变电站及电缆数量多等特点，重点围绕首都智能高弹性配电网建设运行技术等3个技术领域和能源综合利用与优化协调控制关键技术等6个技术方向，布局碳排放流可视化平台研发及应用等44项重大攻关计划项目，加快突破一批关键核心技术。

## 110  上海市如何构建新型电力系统？

2022年7月28日，上海发布《中共上海市委上海市人民政府关于完整准确全面贯彻新发展理念做好碳达峰碳中和工作的实施意见》和《上海市碳达峰实施方案》，提出构建新能源占比逐渐提高的新型电力系统，基本建成满足国际大都市需求，适应可再生能源大比例接入需要，结构坚强、智能互动、运行灵活的城市电网。到2025年，与超大城市相适应的清洁低碳安全高效的现代能源体系和新型电力系统加快构建，非化石能源占能源消费总量比重力争达到20%，单位生产总值二氧化碳排放确保完成国家下达指标。到2030年，清洁低碳安全高效的现代能源体系和新型电力系统基本建立，非化石能源占能源消费总量比重力争达到25%，单位生产总值二氧化碳排放比2005年下降70%，确保2030年前实现碳达峰。

**大力发展非化石能源**，坚持市内、市外并举，落实完成国家下达的可再生能源电力消纳责任权重，推动可再生能源项目有序开发建设。到2025年，可再生能源占全社会用电量比重力争达到36%。大力推进光伏大规模开发和高质量发展，坚持集中式与分布式并重，充分利用农业、园区、市政设施、公共机构、住宅等土地和场址资源，实施一批"光伏+"工程。到2025年，光伏装机容量力争达到400万kW；到2030年，力争达到700万kW。加快推进奉贤、南汇和金山三大海域风电开发，探索实施深远海风电示范试点，因地制宜推进陆上风电及分散式风电开发。到2025年，风电装机容量力争达到260万kW；到2030年，力争达到500万kW。结合宝山、浦东生活垃圾焚烧设施新建一批生物质发电项目，加大农作物秸秆、园林废弃物等生物质能利用力度，到2030年，生物质发电装机容量达到84万kW。加快探索潮流能、波浪能、温差能等海洋新能源开发利用。大力争取新增外来清洁能源供应，进一步加大市外非化石能源电力的引入力度。

**加快构建新型电力系统**，构建新能源占比逐渐提高的新型电力系统，基本建成满足国际大都市需求，适应可再生能源大比例接入需要，结构坚强、智能互动、运行灵活的城市电网。大力提升电力系统综合调节能力，推进燃气调峰机组等灵活调节电源建设和高效燃煤机组灵活性改造，引导提升外来电的调节能力。打造国际领先的城市配电网，综合运用新一代信息技术，提高智能化水平，在中心城区、临港新片区等区域推广应用"钻石型"配电网。完善用电需求响应机制，开展虚拟电厂建设，引导工业用电大户和工商业可中断用户积极参与负荷需求侧响应，充分发挥全市大型公共建筑能耗监测平台作用，深入推进黄浦建筑楼宇电力需求侧管理试点示范，并逐步在其他区域和行业推广应用。到2025年，需求侧尖峰负荷响应能力不低于5%。积极推进源网荷储一体化和多能互补发展，推广以分布式"新能源+储能"为主体的微电网和电动汽车有序充电，积极探索应用新型储能技术，大力发展低成本、高安全和长寿命的储能技术。深化电力体制改革，构建公平开放、竞争有序、安全低碳导向的电力市场体系。加快扩大新型储能装机规模。

## 111　天津市如何构建新型电力系统？

国网天津市电力公司以电力"双碳"先行示范区建设为抓手，聚焦"迭代"，开展新型电力系统顶层设计。电源侧，坚持"域外+域内"双向发力，构建"三通道、两落点"特高压受电格局，建成一批百万千瓦级新能源基地。负荷侧，超前优化业务布局，推广"供电+能效服务""零能耗智慧建筑"等模式，实现电、氢、气、热、冷等一体化规划建设运营。电网侧，更新电网规划理论、建设标准和管理体系研究，深化"大云物移智链"技术应用，实现源网荷储全要素可观、可测、可控。储能侧，坚持源网荷三侧发力，推动火电灵活性改造，推进蓟州抽水蓄能电站建设，健全需求响应辅助服务市场和价格引导机制。碳市场方面，打造碳资产管理高地。依托能源大数据平台打造碳排放监测大厅，探索温室气体排放核算业务，实现全域覆盖、全时监控、全量评估。

在创新方面，制订碳达峰、碳中和研究框架，加强智能调度运行控制、源网荷储协同规划等领域技术攻关；适应绿色发展导向，完善一体优化调度运行、营销服务等管理模式，加大分布式光伏、微电网等领域"放管服"改革力度，优化业绩考核权重，实现制度创新；秉承开放共赢理念，高效运营碳达峰、碳中和产业联盟，横向打破行业壁垒，纵向整合产业链资源，有序推进投资和市场开放，打造共建共享的生态圈。

## 112　浙江省如何构建新型电力系统？

国网浙江省电力公司构建新型电力系统的目标是：按照"五年一台阶，十五年一跨越"的目标，分两阶段全力推进新型电力系统省级示范区建设，实现两跨越，推动量变到质变、质变到跃变的跨越式发展。

2021～2035年，实现量变到质变。浙江新型电力系统省级示范区全面建成，打造共同富裕的电力先行示范。到2035年，浙江新型电力系统省级示范区全面建成。新能源成为出力主体，煤电、气电机组保障能力、调峰能力和运行效率持续提升；积极争取第五直流或其他外来电，形成"强交强直"的大受端电网格局，配电网全面建成互联电网与微电网协同、分层分区立体调控的新型配电网络，不平衡不充分的问题基本解决，价值创造能力明显提升，全域实现大电网与分布式电源、微电网融合发展；抽水蓄能装机超过2000万kW，新型储能超过1000万kW；负荷侧灵活互动资源充分协同，多种用能形式全时空尺度互济互补，灵活负荷和储能成为新能源消纳和参与调节的主要支撑；终端用能清洁化率超过50%，能耗强度下降至0.27t标煤/万元，达到发达国家当前水平。

2036～2050年，实现质变到跃变。浙江新型电力系统在安全可靠、绿色低碳、经济高效等方面达到国际先进水平，源网荷储全面、协调、可持续发展，新能源成为电力供应主体，煤电、气电逐步通过碳捕集、利用和封存技术实现零碳转型；持续争取外来电资源，大受端电网交直流互备、多供区互济，配电网实现电力流、数据流和价值流的高阶融合，成为能源互补、能效提升的低碳能源网络和资源共享、多方共赢的价值创造中枢；抽水蓄能装机超过3000万kW，新型储能超过2000万kW，成为系统主要调节手段；多能耦合效率、多元主体"即插即用"、社会综合能效达到国际先进水平，终端用能清洁化率达到90%以上，能耗强度下降至0.15t标煤/万元以下。

国网浙江省电力公司构建新型电力系统的思路是：以多元融合高弹性电网为关键路径和核心载体，以电网弹性提升主动应对大规模新能源和高比例外来电的不确定性和不稳定性，以大规模储能为必要条件、源网荷储协调互动为关键举措，以体制机制突破和四首创新实践体现引领性和示范性，创建"四高四新"，通过"个十百千"一体推进，源、网、荷、储"四侧突破"，数字、首创、机制、组织"四维引领"，构建具有大受端融合、分布式集聚、高弹性承载、新机制突破、数字化赋能等鲜明浙江特色的新型电力系统。其中"四高四新"指以高承载实现大规模新能源主体化新格局，创建新能源就地消纳和主动支撑的省级示范，以高互动实现多元主体融合发展新生态，创建源网荷储统筹协调一体化发展的省级示范，以高自愈实现自主防御和动态平衡新体系，创建电网弹性提升应对两个不确定性的省级示范，以高效能实现高质量碳达峰碳中和新目标。"个十百千"指实现一个框架体系领全局、十大特色示范和十大专项行动率先突破、百个县级样板覆盖全域、千个应用场景发挥效用。

## 113 四川省如何构建新型电力系统？

立足当地资源禀赋，四川规划建设以大型水风光电基地为基础，以安全稳定可靠的超/特高压网络交直流输电网络和灵活自愈可靠配电网为载体，以大型调节性水电、抽水蓄能、燃机、新型储能等快速动态响应资源为灵活性支撑，以科学高效的市场机制为保障，源网荷储协调发展、互济互利的新型电力系统。

国网四川省电力公司研究制订了《落实碳达峰、碳中和行动方案的任务清单》，重点以"三个着力"推进碳达峰、碳中和工作，努力走出符合四川省情、具有四川特色的新型电力系统构建之路。**着力推进电网向能源互联网升级，服务能源低碳转型。**"十四五"期间，全力推进1000kV特高压交流工程建设，加大配电网建设改造力度。加强源网统筹协调，满足新能源及时送出需求。配合政府做好分布式电源规划，提供一站式全流程优质服务。因地制宜推动抽水蓄能电站建设，大力支持新型储能规模化应用，打造水风光互补互济、"源网荷储"协同互动的清洁能源配置平台，提升系统灵活性。**着力加大科技创新力度，支撑系统安全稳定经济运**

行。加大新型电力系统科技攻关力度。加快数字化转型，打造高弹性、数字化、智能化的电力系统"大脑"。加快新技术应用，超前布局新型储能、氢能等领域，探索新能源高效消纳新技术。**着力深化消费侧绿能应用，服务终端用能主体减排增效**。推动健全电力价格形成机制，参与全国统一电力市场建设，推动电力市场、碳交易市场协同发展，助力国家层面建立清洁能源省际共享机制。加强跨领域融合与电能替代，辐射带动新兴产业发展。加快能源大数据中心建设，推动政企合作共建天府新区公园城市碳中和示范区，打造"能源智慧大脑"，精准描绘"碳足迹"，促进能源消费绿色低碳转型。

## 114  广东省如何构建新型电力系统？

广东电网公司紧密围绕中央、广东省"碳达峰、碳中和"战略部署，落实南方电网公司各项工作要求，立足广东发展实际，充分发挥尖兵示范引领作用，依托数字电网建设，在构建以新能源为主体的新型电力系统中打造广东样本。

**依托数字电网建设，全面建设安全、可靠、绿色、高效、智能的现代化电网，构建以新能源为主体的新型电力系统**。加快传统电网数字化转型和数字电网建设，建设安全高效的智能输电、灵活可靠的智能配电、开放互动的智能用电、全面贯通的通信网络和统一协同的调控体系，支撑绿色低碳的清洁发电和多能互补的智慧能源发展。2025年前，初步建立以新能源为主体的源网荷储体系和市场机制，具备"绿色高效、柔性开放、数字赋能"等新型电力系统基本特征。2030年前，推动新能源装机处于主导地位，源网荷储体系和市场机制趋于完善，基本建成新型电力系统。

**大力推动能源供给侧结构优化调整，全力服务新能源接入和消纳。** 推动非化石能源加快发展，推动风电、光伏发电装机规模大幅提升，推动沿海核电安全稳妥发展，推进调节电源发展。推动源网统一规划及核准，加快新能源送出通道建设，提升新能源消纳能力，持续为新能源项目提供优质便捷的并网服务，实现源网协调发展。

**大力推动能源消费革命，助力广东省和港澳地区产业结构转型升级和绿色发展。** 推进"新电气化"，持续开展节能服务，推广电力需求侧管理，推动能源资源高效配置和利用，助力广东省电能占终端能源消费比重持续提升。到2030年，支撑广东省单位国内生产总值二氧化碳排放比2005年下降65%以上。

重点举措方面，制定"做好系统谋划，统筹制定总体方案和具体措施""全力推进数字化转型和数字电网建设""加快构建现代化电网，着力提升清洁能源资源优化配置能力""着力推动能源供给侧结构转型，大力支持非化石能源发展""全面服务能源消费方式变革，着力推动能源利用效率提升"五项措施，并开展29个新型电力系统示范区建设，涵盖省、市、县、镇、村，重点从市域网荷储区域协同示范区、市域海上风电和储能示范区、新电气化示范村等方面开展示范建设。

# 参考文献

[1] 张智刚，康重庆.碳中和目标下构建新型电力系统的挑战和展望[J].中国电机工程学报,2022,42(8):2806-2818.

[2] 辛保安.抢抓数字新基建机遇推动电网数字化转型[J].电力设备管理，2021(2):3.

[3] 康重庆，杜尔顺，李姚旺，等.新型电力系统的"碳视角"——科学问题与研究框架[J].电网技术,2022,46(03):821-833.

[4] 吴炬.东北地区火电机组灵活性改造技术研究及策略分析[J].黑龙江电力，2020，42(5)：443-446.

[5] 我国天然气、风能等能源分布情况[J].农村电气化，2004(04)：41.

[6] 彭程，钱钢粮.21世纪中国水电发展前景展望[J].水力发电，2006，32(2)：6-10.

[7] 胡芳芳.分布式发电及其对电力系统的影响[J].电气传动自动化，2021，43(04)：7-9.

[8] 舒印彪，陈国平，贺静波，等.构建以新能源为主体的新型电力系统框架研究[J].中国工程科学，2021，23(6):61-69.

[9] 国网北京市电力公司，国网电力科学研究院（武汉）能效测评有限公司.综合能源服务基础知识120问[M].北京：中国电力出版社，2019.

[10] 国网天津市电力公司电力科学研究院，国网天津节能服务有限公司.综合能源服务技术与商业模式[M].北京：中国电力出版社，2018.

[11] 丁玉龙，来小康，陈海生.储能技术及应用[M].北京：化工出版社,2018.

[12] 元博，张运洲，鲁刚，等.电力系统中储能发展前景及应用关键问题研究[J].中国电力，2019，52(3):8.

[13] 欧阳晓平.氢燃料电池技术发展现状及未来展望[J].中国工程科学，2021(4).

[14] 李洪涛，万宇翔，程林，等.能源互联网背景下电能替代负荷的应用展望与思考[J].电工电能新技术,2019,38(11):46–59.

[15] 谢祥颖，徐璐.为建设新能源云提供有力支撑[J].国家电网，2019，14(12)：36–37.

[16] 梁珩，王彩霞，张达.需求响应纳入电力市场的关键问题探讨[J].中国能源,2021,43(10):53–62.

[17] 杨翾，骆哲，叶刚进，等.能源互联网下虚拟电厂调度及市场竞价综述[J].浙江电力,2021,40(12):46–53.

[18] 高正阳.新电改背景下电网企业综合能源服务商业模式分析[J].中国高新科技,2021,(18):21–22.

[19] 国家电力调控控制中心.电力现货市场101问[M].北京：中国电力出版社，2021.

[20] 马欢，徐建兵，张鹏飞，等.综合能源服务现状研究及对电网企业业务开展的建议[J].电力与能源,2020,41(05):618–622.

[21] 侯孚睿，王秀丽，锁涛，等.英国电力容量市场设计及对中国电

力市场改革的启示[J].电力系统自动化，2015,39(24):1-7.

[22] 甘子莘，荆朝霞，谢文锦，等.适应中国电力市场改革现状的输电权分配机制[J].中国电力，2021,54(06):54-61.

[23] "碳达峰、碳中和"百问百答[M].北京：中国电力出版社，2021.

[24] 张勇.践行绿色发展理念探索碳中和实现路径——重庆低碳能源开发潜力研究[J].重庆统计，2021,1:26-29.

[25] 张希良，张达，余润心.中国特色全国碳市场设计理论与实践[J].管理世界,2021,37(08):80-95.

[26] 沈沉，曹仟妮，贾孟硕，等.电力系统数字孪生的概念、特点及应用展望[J].中国电机工程学报,2022,42(02):487-499.

[27] 吴文传，张伯明，孙宏斌，等.主动配电网能量管理与分布式资源集群控制[J].电力系统自动化,2020,44(09):111-118.

[28] 周远翔，陈健宁，张灵，等."双碳"与"新基建"背景下特高压输电技术的发展机遇[J].高电压技术,2021,47(07):2396-2408.

[29] 谢小荣，马宁嘉，刘威，等.新型电力系统中储能应用功能的综述与展望[J].中国电机工程学报,doi:10.13334/j.0258-8013.pcsee.220025.

[30] 姜海洋，杜尔顺，朱桂萍，等.面向高比例可再生能源电力系统的季节性储能综述与展望[J].电力系统自动化,2020,44(19):194-207.

[31] 唐坚，苏剑涛，姚禹歌，等.面向新型电力系统的风电调频技术分析[J].热力发电,doi:10.19666/j.rlfd.202202027.